博物文库 · 生态与文明系列

北京市科学技术协会科普创作出版资金资助

OF WOLVES AND MEN

狼与人类文明

[美] 巴里 · H. 洛佩斯
(Barry H. Lopez) 著
邹桂萍 赵序茅 译

北京大学出版社
PEKING UNIVERSITY PRESS

著作权合同登记号 图字：01-2018-3759

图书在版编目(CIP)数据

狼与人类文明 / (美) 巴里·H. 洛佩斯著；邹桂萍，赵序茅译 .— 北京：北京大学出版社，2021.10

（博物文库·生态与文明系列）

ISBN 978-7-301-32555-1

Ⅰ. ①狼… Ⅱ. ①巴… ②邹… ③赵… Ⅲ. ①狼—研究 Ⅳ. ① Q959.838

中国版本图书馆 CIP 数据核字（2021）第 210165 号

书　　名	狼与人类文明 LANG YU RENLEI WENMING
著作责任者	［美］巴里·H. 洛佩斯 著　邹桂萍　赵序茅 译
策划编辑	周志刚
责任编辑	刘　军
标准书号	ISBN 978-7-301-32555-1
出版发行	北京大学出版社
地　　址	北京市海淀区成府路 205 号　100871
网　　址	http://www.pup.cn　新浪微博：@ 北京大学出版社
微信公众号	通识书苑（微信号：sartspku）
电子信箱	zyl@pup.pku.edu.cn
电　　话	邮购部 010-62752015　发行部 010-62750672 编辑部 010-62753056
印 刷 者	涿州市星河印刷有限公司
经 销 者	新华书店
	880 毫米 ×1230 毫米　A5　9.5 印张　250 千字
	2021 年 10 月第 1 版　2021 年 10 月第 1 次印刷
定　　价	60.00 元

献给狼

我乐于有你们陪伴

虽然你们并不需要此书

我们对动物需要采取一种更加智慧的或许更加神秘的看法。远离共同性，以谋略为生，文明的人类通过知识的镜片来研究动物，因此一叶障目，不见泰山。我们以高人一等的姿态来对待动物，因为它们的瑕疵，它们的悲剧，它们比我们低等的形态。于此，我们错了，错得离谱。因为动物是无法由人类来衡量的。它们生活在比我们更加古老和完整的世界中，它们的行动精巧而完善，具有我们已经失去或从未得到的灵敏感官，依靠我们人类的耳朵无法捕捉的声音而生存。它们不是兄弟，不是下属；它们属于其他国度，与我们一同困在生命和时间交织的网中，是地球之壮美和辛劳的囚徒。

——亨利·贝斯顿《遥远的房屋》

傲慢是我们人类天生的、原始的疾病。人类是最悲惨、最脆弱同时也是最傲慢的生物。他感到、看到自己寄宿在世界的泥土和尘埃中，被锚定和钉牢在宇宙中最恶劣、最无趣之处，居住在房子的最底层，比鸟类和鱼类的处境更加困顿，但是他却想象自己寄身于月亮之上，立足于天堂之端。

通过这种自以为是的想象虚荣，他将自己等同于上帝，认为自己拥有非凡的能力，并将自己从其他动物中抽离出来，分离开来；他为其他动物，即他的同胞和同伴们，分派他自认为匹配的能力和力量。

凭借他的理解力，他如何知道动物的秘密和内在变化，又如何通过进行动物和人类的对比，从而得出动物愚蠢的结论呢？

——蒙田《为雷蒙德·塞邦德辩护》

唯一的真正的革命性的姿态就是承认“天性”是最好的惯例。也许没有天性和本质——只有分类和范例，人类在精神上和政治上将其强加于经验，以便制造确定性、绝对性、区分性、层次性的错觉。显然，人类不喜欢一个赫拉克利特式的复杂世界——他们想要固定的参照点，以免陷入晕头转向、头昏脑胀的局面。也许天性和本质的概念就是人类对永恒的终极把握。进化论的全面影响还有待继续。

——约翰·罗德曼《海豚论》

目 录 CONTENTS

目录 CONTENTS

很多人为我的访谈和通信慷慨拨冗，也有很多人在机缘巧合下不吝为我提供食宿。我尤其感谢阿拉斯加州费尔班克斯城的罗伯特·史蒂芬森，他曾与我在野外共度愉快的数周；以及戴夫·麦奇，他与我一同待在明尼苏达州，为我引荐了许多贵人。

我衷心感谢以下人员：阿拉斯加州阿纳克图沃克帕斯的努那缪提猎人，他们启发我的观点；新斯科舍省戴豪斯大学心理学系的约翰·芬特雷斯，他很早就对本项目表示支持；蒙大拿州立大学宗教研究系约瑟夫·布朗，他对我进行指导和鼓励。阿拉斯加州巴罗海军北极研究实验室的帕特·雷诺德、圣路易斯市泰森研究中心的迪克·科尔斯，以及新斯科舍省舒贝纳卡迪狼研究中心的工作人员，他们对我十分热情。还有戴尔·布什先生，他也是慷慨相助。

受益于许多图书管理员，以及全国历史学会的工作人员，我的研究工作得以顺利开展。我尤其想要感谢尤金市俄勒冈大学主管馆际互借的员工、蒙大拿州立大学的特色馆藏管理员米妮·波、蒙大拿州历史学会的海伦娜、南达科他州历史学会的皮埃尔，以及明尼苏达州帕克维尔校区的玛丽莲·斯考迪斯。

罗伯特·史蒂芬森、乔瑟夫·布朗和罗杰斯·皮特斯为我审查了部分文稿，我对他们的见解表示感谢。

本书中的一些观点最初在多次与人交谈中成形。除了以上提到的人员，我还想感谢迪克·肖沃尔特、珍妮·莱恩、格林·莱利、希瑟·帕尔、蒂姆·罗珀、桑德拉·格雷，以及已故的戴夫·华莱士。

劳里·格雷厄姆是我在斯克里布纳出版社的编辑，皮特·舒尔茨是我的代理人，他们为本书付梓尽心竭力。他们坚持清晰、雅致的文字表达，我希望这在书中得到了明显的体现。

我的妻子桑迪一直帮我阅读手稿。她见解深刻，视野广阔，对此我非常感恩。

第一部分　狼

第一章
狼的起源和描述

想象有一只狼，它正在穿越北方的树林。它行走在曾经走过无数次的狼道上，动作不同于美洲狮或者熊，是那样独一无二。但是，如果你仔细观察的话，它的动作时而像猫，时而像熊。这是有意为之的动作。有时，它停下来观察一处气味标记，或者离开狼道到它一年前存储肉类的地方，用爪子刨开石头，于是行走的节奏被打乱了。

它在狼道上的行走看起来毫不费力，也坚持不懈。它的身体，从脖子到臀部，似乎漂浮在细长的后腿和灵活的前肢上，行走如同骑自行车穿过树林，让人想起流水或阴影的移动。

这是一只3岁的雄狼。它是密歇根山谷狼的一个亚种，它正在穿过的这片树林位于加拿大北部山脉的东坡，云杉和亚高山冷杉在这里生长。狼皮呈浅灰色，从它的肩部延伸到背部，毛色呈金、白混色多于黑、棕混色，但也有银色甚至红色的毛发混在其中。

九月初临，这是一年中最轻松的时节。它已经三四天没有看到狼群中的伙伴了。虽然没有听到狼嚎，但是它知道它们就在附近，如自己一般，或是孤军奋战，或是三三两两。这并非一个狼嚎四起的时节，而是一段轻松休闲的时光。天气非常舒适。驼鹿增了秋膘。这只狼正阔步行走，忽然驻足。片刻后，它开始慢慢移动。它盯着草丛看，耳朵竖直，身体一动不动。只见它弓起背，后腿蹬地，猛扑过去，如猫一般。在它的前爪下，一只鹿鼠被牢牢按住，成了腹中餐。然后，这只狼又继续游荡。它走到一个交叉路口，一个毫不起眼的十字路口。它现在放慢了步伐，在空气中嗅了嗅，似乎闻到了什么气味。那是一株弱小的蓝莓灌丛，是它已经使用多年的“气味信号杆”，它嗅出了其气味，并继续行走。

这只狼重约 43 千克，肩高约 76 厘米。它的脚掌很大，在一条小溪边上（它曾在此停留并捕捞小龙虾）的泥土中留下长 12.7 厘米、宽 10 厘米的爪痕。它的两根肋骨曾在一年前捕猎驼鹿的时候受过伤。现在内伤已然痊愈，但是敏锐的人还是可以察觉其中的异常。它屁股右侧有一道伤疤，那是它在一岁的时候和邻群的一只狼的打斗中留下的。在这三天里，它只吃了几只老鼠和一块北极红点鲑，但是它并不饿。它正在游走，而红点鲑是一天前被熊遗留在河边岩石上的。

这只狼穿过树林，被植物的细小纤维缠住。于是，它的皮毛携带了一些植物的种子，这些种子将会沿着狼道有效传播，最终落在数千米外的某个角落。而几千米外，一只渡鸦落在驯鹿的肋骨上，这只驯鹿在十天前被狼猎杀。渡鸦在腐烂的驯鹿尸体上啄食，像鸡一样。当这只狼还是狼崽时，有一只聪明的雪鞋兔成功地逃脱了它的追捕，并使它精疲力竭。不过，这只雪鞋兔已经成了猫头鹰的食物，死去已有一年了。四月的一个夜晚，雪鞋兔出生在一个洞穴中，而自去年冬天起，它的洞穴成了豪猪的巢穴。

现在已是黄昏。这只狼停止了游走，躺在岩石下方的冰凉地面上睡觉。蚊子在它的耳朵上停留。它晃动着耳朵，醒了过来。它翻滚着背部，静静地躺着，前肢朝天曲起，像是两朵蔫了的花。它的后腿张开，鼻子和尾巴向着身体的内侧弯曲。过了一会，它翻了个身，站了起来，伸伸懒腰，并走了几步，详细地、精密地对岩石的裂缝进行观察，看看有没有吸引它的事物。然后，它跳上了岩石表面，略调整姿势以保持平衡，然后继续向上跳。它似乎对爬上岩石没有把握——但却非常坚定。几分钟后，它忽然全速奔跑，以 64.4 千米的时速冲进树林。跑了三四十米后，它忽然减速，扑向了一个美国黑松的球果。它带着松果离开了，头部高昂，尾巴竖起，臀部向一侧突出，与肩膀不成直线，而松果好像在它的嘴里停滞了。它携带松果在路上走了约三十米，之后才扔掉。它朝着松果嗅了一下，然后继续前进。

随着秋季的来临，它紧贴皮肤的绒毛会变厚。在接下来的几个月内，它肩部的毛发会非常浓密。七个月内，它的体重将会下降：不足 40.4 千克。它将会尝试和狼群中的雌狼交配，但会遭遇挫败。它将会协助猎杀 4 只驼鹿和 13 只驯鹿。它将会从冰面掉进摄氏零下 6° 还未封冻的小溪中。它将会和其他的狼进行打斗。

它现在正沿着林间空地的边缘行走。风从山谷向它吹来，夹着河水的味道，它如同一条迁徙的鲑鱼。它可以闻到雷鸟和鹿类留下的粪便。它可以闻到柳树、云杉，还有柳兰若有若无的甜味。它看见头顶有一只鹰在盘旋，而在更远的南部，在地平线下方，一群尖尾沙鸥向东飞去。每走一步，它的脚底都能感知脚下苔藓的干燥，以及狼道的凹凸不平，其中有些是它自己走出来的路。它能听到自己的脚步声。它能听到鹿鼠和田鼠无意的动作。这两种动物是它在夏季的食物。

黄昏将近，它正站在溪边，舔着清凉的溪水，这时传来一声狼嚎——这声狼嚎持续很久，音调先是急速升高，而后逐渐变细，伴有几声谐波，许久后还有一段颤音。它听得出这是它的姐妹在呼唤。片刻之后，它将头后仰，闭上眼睛，开始嚎叫。这声嚎叫相对较短，且一开始就快速地变了两次调。这次没有听到任何回复。

雌狼在 1.6 千米之外，它一路小跑，斜着穿过树林。另一只狼站立着倾听，再次舔了舔水，之后它也离开了，它飞快而悄无声息地穿过这片树林，离开了它原先在走的那条小路。几分钟后，这两只狼相遇了。它们轻快地彼此靠拢，一本正经地竖起尾巴，并像鹿一样跳动。相聚的时候，它们发出嘎吱的声响，彼此围着对方，相互摩擦和推搡，用鼻子去蹭对方颈部的毛发，后退以舒展身躯，互相追逐几步，然后静静地站在一起，一只狼把头靠在同伴的背上。之后，它们沿着一条模糊的小径离开了，雌狼走在前面，雄狼紧随其后。在走了几百米之后，它们几乎同时开始摇尾巴。

在接下来的日子里，它们将会遇到群中的另一只狼，也是一只雌狼，比它们小一岁，这三匹狼将会一起猎杀驯鹿。它们每天将行走 1.6～3.2 千米，穿过它们居住的地区。它们会一起觅食、休息、生育、玩弄树枝、追逐渡鸦、朝熊吠叫，并在路上留下气味标记。它们将一同杀死驼鹿，盯着小溪里的水在腿上激起浪花，再奔流而去。

这种动物名叫灰狼，林奈在 1758 年为其命名。最近这些年来，生物学家们对狼有了足够的研究，于是才有了以上描绘的这幕场景，但是狼的种群数量在减少，其分布范围也在缩减。

狼总共有 20 或 30 个亚种，它们都是泛北极[①]的物种，也就是说，它们曾经广布于北半球北纬 30 度以上的地区。从葡萄牙，北至法国、芬兰，南至地中海沿岸，狼的踪迹遍布欧洲大陆。它们漫步在东欧、巴尔干和中东，南至阿拉伯半岛。它们也见于阿富汗和印度北部，遍及俄罗斯，北至西伯利亚，南至中国，东至日本岛。在北美地区，狼的分布的最南端在墨西哥城的北边，而最北端在格陵兰岛的莫里斯·耶苏普角，一个距北极点约 64.4 千米的地方。除了冰岛、北非和戈壁沙漠这样的地方之外，狼几乎已经适应了每一处可用的栖息地——想一想这些地理差异，这是多么令人震惊。

如今，它们在不列颠诸岛、斯堪的纳维亚半岛，以至于大部分欧洲地区，都消失了。仅有少量的种群生活在西班牙的北部，一些在意大利的亚平宁半岛，少量在德国和东欧。狼在近东、中东以及

---

① 北回归线或热带以北的整个地区，包括整个欧洲、亚洲大部、非洲的北半部，以及几乎全北美洲。

印度北部的种群数量也大幅度减少。现在，甚至在过去，狼在俄罗斯和中国的种群数量是不确定的。

墨西哥仍然存在一小部分狼，而种群数量较大的——约有 2 万只到 2.5 万只——在阿拉斯加和加拿大。在美国，狼分布最集中的地方在明苏里达州的东北部（大约 1000 只）和苏必利尔湖的罗亚尔岛（约 30 只）。蒙大拿州冰川国家公园有一个很小的种群，密歇根也有一些。有时，一些独狼也会出现在加拿大边境的西部各省，它们大多数是年轻的个体，是从英属哥伦比亚、阿尔伯塔和萨斯喀彻温省的狼群中分散出来的。

红狼是一种鲜为人知的狼，是美国特有的物种，曾经分布在美国的东南部，如今却近乎灭绝了。只有一个约 100 只红狼的种群生活在得克萨斯州最东南部的沼泽丛林，以及邻近的路易斯安那州的卡梅伦教区。

1945 年，分类学家爱德华·戈德曼（Edward Goldman）在北美地区确定了 23 个狼的亚种（多得没有意义），其中 7 个亚种已经不存在了，其中包括大平原狼、喀斯喀特棕狼、得克萨斯州灰狼、亚利桑那州中部和新墨西哥州的莫戈隆山狼、纽芬兰狼和北落基山狼。南落基山狼最后一次见诸报道是在 1970 年，现在人们认为它已经灭绝了。

日本的两种狼，北海道狼和日本狼可能也已经灭绝了。而另一种曾经生活在多瑙河流域的狼非常独特，应该归为一个亚种，可惜在人们收集标本之前就已经灭绝了。狼在亚洲的其他亚种可能也消失了，但是这很难去证实，更不用去论证其意义了。它们的消亡悄无声息。在北美等地区，当人类的文明影响到狼的分布和食物供给时——例如猎杀水牛，或放养家牛挤占了水牛的生活空间——曾经出现狼的不同亚种进行杂交的现象，其基因库的纯度也发生了改变。今天仍在北美生活的狼分类起来非常简单，通常根据其生存的环境分为苔原狼和森林狼（灰狼）。

拉丁学名可用来描述不同的狼的亚种，人们却不严谨地使用它们，但是其中不乏精妙传神的命名。很多亚种的拉丁学名都参考了其皮毛的颜色，比如大平原狼叫 *Nubilus*（云灰色），喀斯喀特棕狼叫 *Fuscus*（黄褐色或肉桂色）。*Monstrabalis*（得州灰狼）意为“不寻常的”或“非凡卓越的”。当然，*Occidentalis*（密歇根山谷狼）指西方的狼，而 *Orion*（格陵兰狼）指神秘的猎人和巨兽。*Irremotus*（北落基山狼）意为“经常出现的狼”。

Lycaon（东部森林狼）是阿卡狄亚的希腊国王，被宙斯变成了一只狼。*Youngi*（南落基山狼）一名是为了纪念斯坦利·杨（*Stanley Young*），一位官资猎人和狼学普及者。*Baileyi*（墨西哥狼）一名是为了纪念一位陷阱猎人。

Laniger（中国狼）意为毛茸茸的，而 *Campestris*（西伯利亚平原狼）意为“开阔平原上的狼”。

想要区分狼的不同亚种，一个关键就是划分犬科动物中类狼的动物。比如，在缅因州，有一种犬科动物，其体型介于狼和郊狼之间；而在得克萨斯州，红狼和郊狼可以产下生物学家所谓的杂交群。野狗（野化的家犬）有时候也可以和狼交配。以上这些都是类狼动物，它们不是真正的狼。

起初，不同的亚种依据颅骨特征、毛皮颜色、体型大小和地理分布来进行区分。但是，除了体型和毛色以外，分类学特征还利用其他特征来区分不同的狼的亚种，这也许是它最有价值的一点。比如，有一种生活在亚洲或伊朗的小狼叫伊朗狼，它有别于其他大多数的狼，主要在于它不太擅长嚎叫，并喜欢独自一个或结成小群游走。中国狼也会独自或者以一群的方式进行捕猎。普通狼（欧亚灰狼）适应了距离人类较近的生活。而生活在加拿大人口稀少地区的狼，当人口密度超过约 1.2 人 / 平方千米时，它们就会搬离。

最近，科学家甚少借助颜色和体型来区分狼的亚种，而更多地利用其他方面的差异——捕猎技巧、狼群大小、领地范围、食物等。

无论采用哪种分类标准，狼曾经代表地球表面上最强适应能力的哺乳动物，如今它们所构成的遗传基因库的重要组成部分已经消失了。也有人反对这种看法，他们争论说那些被圈养的狼群可以代表那些灭绝的纯种狼，因此它们也组成了一个遗传基因库。这种争论可能是没有意义的。动物园饲养的狼群有时是从有问题的遗传背景和（或）地理分布脱离出去的，而在很多情况下，亚种的标签被随意应用到这些动物身上。此外，在圈养环境中成长的幼体几乎无法在野外存活。

如果能精确、简洁地描述某个亚种的最后一个种群在世界上的地理位置，那该有多令人欣喜，因为人类的文化喜欢那种井然有序。但是这个任务太复杂，根本无法完成。原因在于狼群会四处游荡，而且如前所述，亚种种群之间会相互交配。哪怕在人类对狼群进行大规模迫害之前，狼也曾经从某些领地范围消失了数年。没有人知道其中的缘由。可能是猎物减少了，或者是人类搬进来了。加拿大野生动物生物学家道格拉斯·皮姆洛特（Douglas Pimlott）认为已经灭绝的纽芬兰狼从岛上消失不过是自然灭绝，并非是打猎的缘故。另一位加拿大人伊恩·马克·塔格特·考恩（Ian Mac Taggart Cowan）认为，北落基山狼的最后群落和密歇根山谷狼进行杂交，最终导致这个亚种销声匿迹。人类毫不谦逊地为每一种动物的消亡而自我责备，每每这时，我认为上述例子就显得举足轻重了。

在对狼的种群进行定位时，需要考虑的第三个因素仅仅是缺乏记录和研究。原先这并不让人惊讶，20 世纪 40 年代之前，没人会用严肃的、科学的方式来看待狼。而在欧亚大陆的部分地区（在那里，狼仍然被认为是血腥和黑暗的动物），狼的种群数量、位置、栖息地等具体信息直到今天都是寥寥可数。

第四个因素是，独狼每年都会从它们原来的领地扩散数百千米去寻觅新的领地。在北美，我们大致了解扩散出去的狼群可能会出现在哪些地方。但是在中国，我们对狼的基本分布范围仍然没有多少了解。

虽然进化线路并不完全清晰，但是在约 6000 万年前的古新世，狼就开始发展成为走兽（即依靠追逐捕猎的动物）中的一个物种。它的祖先包括小型的类似啮齿类的食虫动物，后来演化出稍微大点的肉齿目动物。后者是一种用五指行走的动物，其四肢长有部分可以收缩的爪子，其前肢上长有部分可以对握的拇指，身后拖着又长又厚的尾巴。它们看起来可能就像长腿的水獭，在森林中栖息，也许还在树上睡觉。从进化的角度来看，它们中的一部分成员迁徙到了平原和草原上，并演化成了狼、熊、獾、臭鼬和黄鼠狼。而那些依旧待在森林的肉齿目动物保留了它们可缩回的爪子，完善了自身的伏击 / 刺伤的狩猎技能，并进化成为剑齿虎、豹等。

到了距今 2000 万年前的中新世，食肉动物的两个超级大家族分化出来，即猫科家族和犬科家族，这时外貌和现今的狼相仿的狼祖先出现了。它们演化出了专门的裂齿，并且为了追捕猎物，它们的四肢不再朝着灵活演化，而是朝着力量演化，因此其小腿的骨头（像猫一样）已经开始合并。后来，狼祖先演化成汤氏熊，其后腿的第五指开始退化，而悬爪开始出现。它们的腿变得更长，爪子更加紧凑。到了距今 100 万年前的更新世，狼的直接祖先出现了，即犬属动物，它们的大脑比其祖先更大，鼻子也更长。在犬属动物中有一种恐狼。犬属动物更加适宜奔跑，并且可能进化出最初的社会结构和合作捕猎的技巧。我们可以想象，数十万年前，在现在所谓的俄克拉荷马州，狼在捕杀骆驼的场景。

犬属就是狼的祖先（狼是一种略小的动物，拥有更高的前额和更高的社会取向），而狼可能是家犬的祖先，也是第一种和人类居住在一起的大型生物。

如今，和狼亲缘最近的动物是家犬、野狗、郊狼和豺。其次就是犬科动物的其他成员：狐狸和野犬。依次类推，犬科动物和熊科动物中的熊也有较近的亲缘关系，而和浣熊、貂及狼獾的亲缘关系相对较远。有些在动物名字中带“狼”的大众用语不合规范，需在此处澄清一下。土狼并不是狼，而是鬣狗家族中以昆虫为食物的动物，并且鬣狗和猫的亲缘关系比较近。鬃狼和安第斯狼也不是狼，而是南美野犬。已经灭绝的福克兰狼也是一种南美犬科动物，与北半球的狼仅有很少相同的行为特征。同样的还有埃塞俄比亚狼，一种罕见的埃塞俄比亚犬。袋狼是一种有袋动物，和袋鼠和负鼠是同一种类。

另一方面，好望角猎犬或者说非洲野犬在捕猎特点和社会行为方面和狼有很多共同点，因此一些动物学家建议将其归为和狼同属（犬属）。这是分类的另一种不规范。

在上述动物中，狼好像在智力和社会化方面的演化水平最高。狼群拥有较高程度的社会组织，它们进化出一整套交流和公共互动的体系，这有助于稳定它们的社会关系。它们具有明显不同的个性特征，这点非常独特。用人类的话来说，它们有的更加飞扬跋扈，有的更加内向腼腆，有的则喜怒无常，群体社会促使它们发展出独特的气质。比如，在一个狼群中，可能有一只狼是最佳猎手，而另一只则具有更好的战略意识，并且（又是与人类相同）其他成员会就此向它请教。

每当我与那些没有见过狼的人交谈时，我总能发现关于狼是庞然大物的信念无处不在。有些人即使对狼有相当丰富的经验，在某种程度上，他们似乎也把狼想得比实际的更大些。在明尼苏达州有一名陷阱猎人，他一生中捕捉了数百匹狼，有一天他看着陷阱中的一只狼，估计其体重约为36～41千克。当对其称重，发现才30千克时，他对眼前的动物有些愤慨，“它的身子骨怎么也有41磅，肯定是病啦”。

狼的体重，从成年的阿拉伯狼的 20 千克，到大灰狼的超过 45 千克不等。在阿拉斯加发现的狼也许是体型最大的，超过 54 千克的狼是罕见的。有史以来记录到的最重的狼体重达到 79 千克，它于 1939 年 7 月 12 日在阿拉斯加中东部的“七十英里河”边上被官资猎人杀死。1945 年，加拿大公园护林员在贾斯珀国家公园猎杀了一匹重达 78 千克的狼。雄狼一般比雌狼重 2～6 千克。北美地区的狼平均重 36 千克，加拿大南部的略轻，北方的略重。一匹成年的欧亚灰狼可能重 39 千克。印度旁遮普地区的狼和阿拉伯半岛的狼平均重约 25 千克。

一个春天，我花了几天在苏西纳河上的阿拉斯加山脉对野狼进行测量和称重。当我回家的时候，一个朋友问我狼的体型与他的阿拉斯加雪橇犬相比如何，很多人认为阿拉斯加雪橇犬就是狼的复制版。我在笔记本上记录的数字显示出两者在体重方面的差异。狼的头部更宽、更长，而且通常更大。雪橇犬和狼的脖子差不多，大约是 51 厘米，但是雪橇犬的胸部比狼宽了约 10 厘米。狼站立起来比雪橇犬高出 5 厘米，腿长了 7.6 厘米，身长长了 20 厘米。狼的尾巴更长些，而且不像雪橇犬一样向背部卷曲。狼行走的足迹大小几乎是狗的 2 倍。这两种动物都接近 45 千克。

狼的皮毛非常出色，是非常奢华的皮毛，共有两层：柔软、浅色、浓密的下层绒毛位于外层针毛的下方。大量的底层绒毛和一些外层针毛会在春季脱落，在秋季长出。皮毛在整个肩部长得比较厚实，这里的外层针毛长约 10～13 厘米，而在鼻口和腿部开始变得稀薄。只要把口部和不受保护的鼻子夹到后腿和尾巴之间，并用厚厚的尾巴盖住脸，狼就可以背着风暴露在摄氏零下四度的环境里舒服地睡个觉。狼的皮毛是货真价实的，相比狗的皮毛绝缘性更佳，就像狼獾的毛皮一样，当呼出的热气在它的皮毛上冷凝时不会结冰。

在温暖气候条件下生存的狼，它们的外层针毛要短，底层绒毛没有那么浓密。波斯湾地区栖息的红狼生活在炎热而湿润的环境下，它们的皮毛短而粗糙，耳朵大而尖，与苔原狼短而圆的耳朵形成鲜明对比。短的耳朵对寒冷不敏感，而长耳朵可以更有效地散发身体的热量。

在极端寒冷的环境里，狼可以减少血液在皮肤附近的流动，以此存储更多的热量。在阿拉斯加州，一个生物学家小组发现当狼涉足冰雪时，其脚垫的温度维持在仅高于会让组织冻伤的冰点。脚垫的温度独异于身体其他部位的温度。在野生动物身上发现的这种设计十分精妙，却也不足为奇，狼的脚垫就是一个很好的例子。

在天气炎热的时候，狼会借助喘气来散热，看似疲惫不堪，却是行之有效的蒸发散热的方法。它也会跳进溪流和河流中。在20世纪20年代，一位蒙大拿牧牛人写道，在他的牧场上，当天气炎热时，狼会“寻觅泉水下方的芦苇和香蒲，或是山丘北侧的雪松丛和灌木丛林，躺在其中潮湿凉爽的泥土上”。

在高温时期，狼会缩短行进的路程，并且将捕猎限制在一天中最凉快的时候。

狼控制体温的能力无疑能帮助它适应多样的气候类型，而每种气候都有很广的温度区间。在加拿大西北部，气温最低可达零下 21℃，夏天则高达 32℃。而在北部平原，气温最低也是零下 21℃，而最高可达 43℃。喀斯喀特棕狼不得不与厚厚的积雪抗衡，而不列颠哥伦比亚狼不得不和 100～127 厘米的冬季降水对抗。没有人知道狼在这样的潮湿天气如何度过。或许它们仅仅是避开了雨。

狼的毛色各异，从几乎纯白色，到金色、奶油色、赭石色的斑点，再到灰色、棕色，以及黑色。其中比较引人注目的当属北极狼，它们拥有石板蓝色的毛发。大多数白色的狼均在北部发现，不过在 19 世纪初期，刘易斯、克拉克等探险家和移民报道在大平原发现了许多浅色的狼。狼的毛色明显没有伪装功能，因为黑色的狼在苔原上很常见，而白色的狼在俄罗斯中部的黑土地上格外显眼。在加拿大南部和明尼苏达州，黑色的狼比白色的狼更普遍，但灰色的狼占主导地位。同一窝幼崽的毛色必然有所不同，虽然它们父母的毛发具有相同的质量。苔原上的成年狼拥有最奢华的皮毛，苔原狼和森林狼的毛皮天差地别，因此前者的卖价是后者的两倍。

我查找不到关于狼患白化病的记录，但是一位空中猎人告诉我，1957 年他在斯洛普县的乌米亚特以东 40 千米处猎杀了一只白化狼。它是一只雌狼，有粉色的眼睛、鼻子和脚掌，体重约 36 千克。没有数据可以证实其真伪，但是当人们提及它时，阿拉斯加许多人——猎人、生物学家、本地人——提供的信息是：他们见到的最大的狼都是黑色的。

据我所知，没有一种哺乳动物的毛色产生的变化像狼一样大。

在同一片地区，人们会用表示不同颜色的词汇来描述狼的毛色，其毛色的多种多样由此得到证实。在北极地区，“桃色”“黄色”“橘色”“黄褐色”和“锈红色”都是我所听到的用来描述狼的毛色的词汇。1968年，在布鲁克斯山脉，一个因纽特人记得用陷阱捕捉了一只身上有斑的狼，其毛色为黑，带有白色斑块。

因纽特人和居住在阿拉斯加布鲁克斯山脉地区的努纳米特人可以借助毛色的差异来区分雌狼和雄狼，也可以识别出哺乳期的狼。雌狼的皮毛倾向于红色调，并且腿部的毛发比较光滑，而雄性腿部的毛发略有簇绒。随着动物成长，其毛皮的质感会产生变化，雌狼通常有最光滑的皮毛。年龄大的动物在尾梢或鼻子和前额周边，会有更多白色的毛发。相比其他狼，哺乳期的雌狼保留了更长的冬季长毛，其乳头附近的毛发会脱落。在其腹部，乳房四周长出一片红褐色的乳斑。

努纳米特人也指出，雌狼和雄狼的身体结构呈现微妙的差异。相比雄狼，雌狼口鼻处和前额较窄，脖子更细，腿略短，肩部更窄，这样对比显得雄狼的腰部更细。在因纽特人看来，2岁和3岁大的雌狼比同龄的雄狼跑得更快。

当然，这些都是泛泛而谈，但是对于在远处分辨狼的年龄和性别的时候确是有用的信息。

狼的毛色呈现出明显可见的（而且有目的的）深浅明暗变化。即使是那些相对纯黑或纯白的个体也会呈现出这种模式。黑色或白色的长毛在它们的肩部呈马鞍状分布，向上延伸到脖子，向下延伸到脊椎，然而到了臀部就逐渐变淡，和尾巴顶部较黑的毛发混在一起。尾巴下侧、腿内侧、腹部和口鼻下侧的毛色通常呈浅色。狼的头部有斑，尤其是在眼睛和耳朵周边，这可用来突出其面部的特征。尾巴的后段通常呈暗色，在末梢混有一些白色的毛发，而且尾巴顶端经常有一个暗色的黑点，那是标记气味腺体的位置。

狼采用一套惯有的身体姿势和面部表情来实现交流，如果仔细观察，你就会发现这些信号会因毛色的深浅变化而更加明显，从而使得信号更加显而易见。

耐力

一个因纽特人想要猎杀一只狼来换取奖金，但是他已经用完弹药了，于是决定用雪橇车继续追逐，直到狼筋疲力尽。后来，他看了地图，估计狼在减速之前，已经用24～48千米的时速跑了19千米。它又继续小跑了6千米，然后开始走路。6千米后，它筋疲力尽了。

狼生性敏捷，但是其灵敏和快速不如土狼。红狼移动的方式比灰狼更加灵巧，似乎施加在脚上的重量更轻。在圈养环境中，红狼和土狼杂交的后代可以跳进低矮的灌木丛，距离地面1.2～1.5米。在受到惊吓的时候，红狼或土狼也会跳跃起来，腿部僵直，就像白尾鹿一样。

狼平均每天会花费8到10个小时来游走，主要集中在清晨和黄昏。它们移动的距离非常远，具有持久的耐力。一位观察者在不列颠哥伦比亚省追踪两只狼，这两只狼在厚达1.5米的雪地里破雪前行，走了35千米。狼会在路上短暂停歇，但是绝不会躺下休息。以罗亚岛的狼为例，它们冬季平均每天穿行48千米。一位芬兰的生物学家报道称有一群狼一天行进了201千米。博物学家阿道夫·默里（Adolph Murie）在阿拉斯加观察一群狼时，发现有雌狼在洞穴养育幼崽期间，它们每天有规律地行走64千米去寻找食物。苔原狼在加速攻击之前，可能会在驯鹿身后跑8～10千米。

狼也擅长游泳，不过它们在追逐猎物时很少跟随猎物下水。

狼在抵达现场之后，最有效的捕猎工具就是嘴巴。狼的牙齿进化成细长的形状，它的42颗牙齿适合用来咬住（长犬齿）、切断和撕裂（前臼齿），并碾碎（臼齿）猎物。它的门牙可以轻咬和剥离骨头上的碎肉。它的裂齿（上颚最后的一只前臼齿，下颚最前的一只臼齿）进化出专门的功能，相当于一套修剪工具，用来切断肌肉和剪断坚韧的结缔组织和肌腱。狼的咬合力可以达到近乎1054604千克/平方米，相比之下，德国牧羊犬的咬合力只有它的一半。这个力度足以让狼破开大多数动物的骨骼，并深入其骨髓。

狼群有着相当完善的社会结构。狼群通常是由5到8个个体组成的大家庭，但是有的家庭只有2～3个个体，也有的多达15～20个个体。目前已鉴定的最大规模的狼群是在阿拉斯加记录到的一个36只狼的狼群，不过超过25只的狼群甚少见诸报道。有的故事说数以百计的狼一同游走，这可能只是民间传说。不过，从19世纪主流杂志的报道可以推测，在欧洲西北和俄罗斯中部，25～30只的狼群是相当常见的。

狼群的大小取决于没有其他狼群侵入的可用空间、猎物的类型和丰富程度，还有不同种群的狼的个性特征，以及其他因素，比如幼崽的死亡率以及整个种群数量的大小。狼群会在冬季或者夏季解散，有些狼群则维持不变，而有的仅仅持续一个季节或者几天。一个狼群会维持相当长的时间，年复一年使用同一洞穴，在同一片领地里捕猎，狼群存在的时间会超过它的创始成员。默里于 1939 年和 1941 年之间在麦金利山国家公园托克拉特河的东福克地区研究了一个狼群。三十四年后，另一位野生生物学家发现，一个大小相仿、习性相似的狼群在使用同一个洞穴。狼群具有明显的个性特征，因此一个优秀的观察者仅仅从它们的行为（而无须依据它们的数量、毛色或者领地）就可以辨别出这是哪一个狼群。

狼的繁殖期通常在 2 月或 3 月，每年繁殖一次。交配时，雌雄狼的交合可能会持续 30 分钟，有些科学家认为这加强了狼群一夫一妻制的关系，并激发起狼群的兴奋。通常，仅有一匹雌狼可以受孕。

雌狼怀孕 63 天后产下幼崽。四月和五月是产仔的集中期。越往北方，在春季的交配和产仔就越晚。幼崽通常在专为分娩挖掘的洞穴里出生 —— 比如，在加拿大北部多沙的蛇形丘中，在巨大的树干下，在河流的凹岸上，在巨石周围的天然洞穴中，或者在其他地区的洞穴中。在阿拉斯加的北部，雌狼可能会露天生崽，它们会匆匆准备一处洼地或坑洞，仿佛分娩是突如其来或意料之外一样。

狼的洞穴通常挖在河流凹岸中的位置较高处，或者在排水良好的土壤中，且洞穴的位置通常可以洞观四周。但是有些洞穴，尤其在树木繁茂的地方，往往“一叶障目不见泰山”。洞穴的保洁一丝不苟。洞穴的入口通常小于 51 厘米 ×51 厘米；进入通道通常有 15～20 厘米，然后到达一个球形的空洞，位置略微偏高，幼崽就在里面抱团取暖。因为在刚生下的那几天，幼崽没法维持自身的体温，因此在刮风下雨的时候，狼崽需要抱在一起取暖。

正常情况下一窝有 4～6 只幼崽出生，但是也有 1 只或者多达 13 只的记载。这些幼崽出生时又聋又哑；它们在几天后才能听到声音，在 11 到 15 天的时候可以睁开眼睛，5 周断奶，这时它们已经可以在洞口玩耍啦。大约在第四周的时候，它们耷拉的耳朵开始竖立，而且它们的狼嚎此起彼伏 —— 这突如其来的狼嚎把它们自己都吓到了。狼窝内的等级分化大概在第六周形成，不过在接下来的几个月里还会多次改变。

一窝幼崽中的大多数会死去。死亡率可以达到 60%，主要有几个原因。相比于父母，幼崽对食物中的蛋白质的需求量约为父母的 3 倍之多，而食物可能会比较稀缺。有时幼崽之间的打斗会造成伤害，它们的父母就会杀死（并吃掉）受了重伤的那只。犬瘟热、李氏杆菌病等疾病会对其造成伤害，如果冬季风暴袭击，肺炎和体温过低也会造成伤害。幼崽如果出现任何不良的行为，比如癫痫，也会被成年个体杀死。鹰、猞猁、熊偶尔也会抓走一只狼崽。

幼崽的数量与猎物的供给量以及这块区域狼群的密度有关 —— 狼群越多，幼崽就越少。一窝幼崽是否出生，由谁生养，这取决于狼群内的社会组织。

如果邻群有很多幸存的幼崽，狼群可能会产生压力，并且做出不生育的反应。狼的内分泌系统会对这一切做出反应，以某种方式回应环境中的压力 —— 比如，看到另一狼群的成员的频率，两次捕获猎物之间的时间间隔 —— 控制生育和缩小种群。有趣的是，有时不生育——比如在饥荒的时候——可以增加狼群的生存机会。

在幼崽的成长过程中，年长的狼对它们表现出浓厚的兴趣，幼崽的回应也充满感情，尤其是对父母。它们舔着成年狼的脸，和成年狼亲昵，直接逗弄它们，当成年个体躺下的时候簇拥在其周围。它们之间的社会纽带非常明显，以至于在1576年，在那个人类认为狼是最坏的存在的时代，一个猎人在一本狩猎的书中写道："在外出的成年雄狼或雌狼回窝之后，如果幼崽碰巧遇到它们，就会讨好它们，看起来似乎非常快乐。"

年长的狼不会抢夺幼崽的食物，之后也不会阻止它们一起享用猎物。实际上，野外观察者经常评论说，狼群在猎物尸体周围的行为非常温和。（在圈养状态下，狼会有一定程度的神经衰弱症，因此反而会争夺幼崽的食物。）成年狼很少会动用武力从幼崽那里获取食物，因此康拉德·洛伦茨（Konrad Lorenz）很好奇：这种对"权利"的尊重难道不能代表狼在道德上的原始意义吗？这种道德可能只在社会性食肉动物的身上产生。这一思想的延续是：草食动物和其他群居动物不会为了食物而争斗，也没有社会结构可以发展道德感。

虽然并非没有例外，但是狼在照看幼崽时展现出的这些慷慨和尊重与民间信仰形成鲜明对比——俄罗斯的一个权威人士在1934年写道："大多数的猎物被年长者占有，尤其是雄狼。它们威胁幼崽和新生儿……最弱小的经常会被强壮的近亲狼撕成碎片。"

到它们5到10个月大的时候，幼崽的死亡率会降到45%左右。

当它们性成熟的时候（雌狼通常 2 岁性成熟，而雄狼有时直到 3 岁才会性成熟），存活率可以达到 80%。狼不会成为任何动物的常规猎物，在野外它们可以活到 8 岁或 9 岁。在特殊的情况下，狼或许能活到 13 岁或 14 岁。

狼当然会受伤、生病，或因遭受暴力而死亡，这是它们生活的一部分。很奇怪的是，我们似乎没有意识到这点。在印度，老虎可以杀死它们；在北美，熊可以杀死它们。虽然狼群内部不会因为纷争而出现死亡，打斗倒是经常发生，但是和其他狼群对抗时确实会导致死亡。

大部分狼会受到寄生虫的困扰，体内是绦虫和蛔虫，体外则是蜱、跳蚤和螨虫，不过在北部种群中，这些外部寄生虫比较罕见。狼有时会生癞疥，也会患上各种癌症和肿瘤。狂犬病和犬瘟热似乎是狼最容易感染的致命疾病。狼可能会被一根骨头刺穿舌头而流血致死。风吹来的种子可能会掉进狼的内耳，并破坏它们的生理平衡。豪猪的刺会引起肿胀和感染，从而让它们丧命。它们会得白内障，然后失明。

狼有时会被驼鹿或者其他大型动物所伤，由此造成的颅骨断裂、肋骨骨折和关节损伤可能会导致关节炎（随着年龄增长也会自然出现）。营养不良可能会导致佝偻病或其他与维生素和矿物质缺乏有关的疾病。在一些地方，狼遭受区域性疾病的困扰。在得克萨斯州，红狼遭受血丝虫的大量寄生；在不列颠哥伦比亚省，狼因鲑鱼中毒而致命；在西班牙，狼患有严重的旋毛虫病。

1976 年，人们在阿拉斯加对塔纳纳河沿岸东福克地区被猎杀的 110 只狼进行检查，发现其中 56 只身上遭受过一次或多次创伤。这些创伤基本上都发生在狼猎杀驼鹿的过程中——头颅断裂、肋骨骨折、腿部受伤，以及其他的伤害。一只4岁大的雄狼在左前腿、右侧的两根肋骨和头骨上均有已经愈合的伤口，身体状态相当不错。其他的狼也已经从类似的创伤中恢复。

重要的是，森林是一个生存艰难的地方，而狼存活下来了。

第二章
社会结构和交流

狼群的社会结构是至关重要的，狼群的繁殖、捕猎、觅食以及领地维护和玩耍行为都与此息息相关。根据我们掌握的证据，狼有教会幼崽捕猎的能力（以及学习能力），这表明狼群的社会结构在这方面也扮演着举足轻重的角色。脱离狼群长大的幼崽在野外很难存活下来。

一般说来，狼群有三种不同的社会结构：雄性等级制、雌性等级制和更具有季节性的跨性别社交结构。通常有一只阿尔法首领雄狼（主雄），它统治着其他雄狼，而阿尔法首领雌狼统治着其他雌狼。这对雌雄阿尔法首领就是繁殖对，但是，在圈养和野生的很多情境中，低等级的雄狼会和首领雌狼进行繁殖，而首领雄狼明显表现得毫不在意。

雌性会领导狼群，对狼群的活动具有重大的影响。我们通常认为，像狼这样的动物在社会性方面和我们人类有着很多共同点。然而，女性在西方社会中大体处于从属地位，因此我认为拿狼群和人类的社会结构类比是不恰当的。雌狼不仅可以领导狼群，而且待在狼群的时间要长于许多阿尔法雄狼。此外，是雌狼决定在未来的5或6周，狼群将会在哪里营造洞穴，或在哪里捕猎。在北部，狼会尾随驯鹿迁徙，对驯鹿的迁徙地预判不准将会是灾难性的，由此可见雌狼的决定至关重要。

年轻的雌性比年轻的雄性速度更快，因此有些时候会成为更加优秀的猎手。狼群由雄性猎手领导是误导性的，但是人类男性主导了这个领域的研究，因此我确信他们会不知不觉地延续这种观点。出于同样的原因，用来描述狼的行为的军事化的语言——如“狼中尉”被“委派”去“巡逻”领地、亲狼给幼崽“灌输纪律”——悄然出现，大大歪曲了我们对狼的印象。我确定这是人们相信雄狼执行杀戮以及雄狼的体重通常会被夸大的一个原因。

圈养狼群的社会结构被事无巨细地观察，但要推广到野外狼群中是具有风险的。圈养的动物不参与捕猎行为，而且野生狼群通常拥有三百多平方千米的领地范围，相比之下，圈养狼群生活在弹丸之地，经常缺乏足够的锻炼。另外，由于人类试图建立或维持一定联系，圈养狼群不断受到人类的干扰。它们的社交表现有点过多，因为它们从未离开彼此。野外研究已经证实：野外狼群中的确存在很强的社会秩序，一对阿尔法首领狼位于其社会结构的顶层。最明显的是在交配季的时候，阿尔法雌狼会树立自己的威信，有时会通过打斗迫使其他发情的雌狼远离阿尔法雄狼，而阿尔法雄狼也会打斗，迫使其他雄狼远离阿尔法雌狼，不过似乎没有那么奋勇。（这些都是仪式化的争吵，很少出现身体的伤害。）阿尔法雄狼是不是幼崽父亲，这点无法确知，但是阿尔法雌狼一定是幼崽的生母。

上课

一天早上，一只雌狼将4～5只幼崽独自留在布鲁克斯山脉的集结地，自己从一条狼道离去。当远离幼崽的视野时，它掉头转身，平躺在路上，回望着它来的那条路。不一会儿，一只幼崽离开了集结地，欢快地小跑，越过一个小丘，来到她的面前。雌狼低声吠叫。幼崽突然止步，四周察看，似乎忧心忡忡，然后带着分离的不舍，开始缓缓往回走。母亲将它护送到集结地，并再次离开。这次母狼没有费心从狼道往回看。显然这门课已经深入幼崽的心了，因为直到那天晚上它们的母亲回来之前，所有幼崽都待在洞里。

“阿尔法”已经发展到用来描述圈养动物，但是这个术语一直是令人误解的。阿尔法动物并不能一直领导捕猎、破冰前进，或在其他狼的前面进餐。一只阿尔法狼仅在特定季节的特定时间段内充当阿尔法的角色，并且在狼群里受到其他狼的尊重（这点不得不提）。

狼是社会性动物，它们的生存依赖合作，而不是纷争。人类近年来逐渐习惯了把“优势阶层”（dominance hierarchies）一词用到商务合作等场景下，而且倾向于希望狼群遵从类似的模式。狼群的社会结构是动态的、可调整的，尤其是在繁殖季，而且在玩耍期间可能完全是反向的。狼群的社会结构至关重要，体现在它们繁殖、觅食、游走和维护领地时。而且，在狼群的社会秩序下，狼群通过集体狩猎和自然数量控制来提高生存率，从中反映出这个社会结构也有助于狼群聚在一起，用生活方式的积极方面来相互慰藉。

人类推想狼的行为是“恐吓”“镇压”，而且基于其社会结构，过分强调狼具有精神虐待的阴谋，这其实是将人类的分析工具与狼的实际行为相混淆。

另一个需要考虑的因素是，狼群具有个性，就像狼的个体一样。群体中可能有独裁者、个性暴躁者，甚至还有白痴病患者；类似的这些个性使得一个狼群比另一个狼群在组织上更加具有普鲁士精神[①]，或者更加刻苦耐劳。

以下介绍的是一个“典型的”狼群结构。一只阿尔法雄狼和一只阿尔法雌狼处于最高地位，大概4～5岁；从属的雌狼和雄狼，有些已经性成熟，处于中间地位，其中居于统治地位的是贝塔狼；另外还有幼崽。无论雌雄，居于从属地位的狼都会尊敬阿尔法狼。居于从属地位的雌、雄狼会各自建立自己的等级，通常1岁的幼崽居于最底端，2岁或者3岁的狼处于上层。幼崽也有它们自己的等级秩序，但是它们的等级和性别无关。到了暮夏时节，狼群的幼崽稳定下来了，这时阿尔法狼和其他狼会引领幼崽融入社会结构。狼的训练严格，但并不残酷。犯错的狼崽通常会被成年狼用口咬住，并暂时“禁足”。

在幼崽断奶后，狼群中的其他成员在它们的成长过程中发挥着越来越重要的作用，不但为它们提供了食物，而且带来了娱乐。幼

① 普鲁士精神，即专制主义和军国主义。

崽吃成年狼反刍的半消化的食物。照顾狼崽的成年狼会和狼崽一起玩“过家家”的游戏。这时，狼崽已经长出针状乳牙，它们互相扭打在一起，一起摔跤和互咬，并抓住后仰的成年狼的颈部毛发。这种行为经锻炼后将会变成有效的捕猎技能。

幼崽的日常活动都以洞穴入口为中心展开，直到它们8周的时候，成年狼才将它们移动到第一个集合点。当其他狼去捕猎的时候，它们就留在这里。在晚秋的时候，幼崽可能会达到20～25千克，这时它们会跟随成年狼一起去狩猎。狼群会教给它们捕猎驼鹿、麋鹿、山羊和驯鹿等大型动物的诀窍；它们利用前爪刺伤老鼠，突袭和捕猎兔子的技能也变得更加纯熟。

狼1岁大的时候，几乎完全长成了。它们有些会离开狼群，要么独自活动，要么尝试加入另一个狼群，要么远远跟随之前的狼群。有些会继续在狼群待一年，直到它们性成熟。

某个特定狼群的相处方式可能每年都有显著差异。一个好猎手的丧失、猎物种群的下降或上升、一个漫长的冬天、过度紧张的社会关系——这些都是狼群潮起潮落的一部分。虽然没有进行过正式的研究，但是时长超过一年的实地研究表明，狼群的个体意识会经历一个年度的循环。这个循环具有重要意义，因为它表明了狼似乎既有自我意识，又有群体意识，还有保留群体意识的意识。

在晚冬，随着狼群中交配对的形成，社会压力也随之增加，狼群中的焦躁水平有时非常明显。一旦两匹狼完成交配，它们的情绪就会减弱。狼群可能会分头行事，以最有效的方式去捕猎。在这个时期，狼群意识可能是最为松散的，群成员单独狩猎，或者结对捕猎。到了狼崽出生前的一周或者更长时间，怀孕的雌狼可能会在配偶的陪伴下选择一个穴址，这时狼群会重新聚集，以便供养怀孕的雌狼和幼崽。这对于狼群而言无疑是一段最艰难的时期。狼群的活动都以巢穴为中心展开，而最有效的捕猎方式必须是悄然无迹的。幼崽纤弱瘦小，其中有些不免要因暴露行踪或饥饿而夭亡。狼群一定意识到了种群数量的重要性，这个数量是由狩猎和繁殖单元（狼群）而非由个体来定义的，这促使狼群在这个时期聚在一起努力抚养幼崽。

随着当地的猎物开始产犊，狼崽离开洞穴，到了等待成年狼狩猎的集合点，狼群的流动性随之增加，一年中最低谷的日子也开始慢慢地变好。随着夏季到来，狼群沉浸在热情洋溢的生活中，相互致意，相互依偎，以及越来越多地喧闹嬉戏。它们鼓腹含哺。处处阳光明媚。秋季和初冬，狼群的感情迎来了高潮。幼崽可以跟随成年个体活动。猎物丰盛肥美。最健康的狼安富尊荣，身强力壮，这让它们能够安全越冬，迎接新春。它们会更加频繁地看着对方，因为它们知道不久之后就不可能像夏季那样单打独斗。狼的嚎叫会增加，它们会经常聚集，并且当它们陪伴在阿尔法狼身旁时，它们会一起摇晃尾巴。这标志着冬天来临了。

经过多年对狼的实地研究，阿道夫·默里写道，狼留给他最深刻的印象是它们对于彼此的友好方式。在这个领域，人类用来描述动物行为的大多数体系仍然鞭长莫及，对狼群而言这是不幸的。即使成年后，狼也会相互追逐打闹，与幼崽嬉戏玩耍，在林中空地欢蹦乱跳，或在雪堆上上蹿下跳，就像摇摆木马。它们会忽然朝着正在酣睡的伙伴猛冲过去，或者从隐藏处忽然跳到伙伴的面前，把对方吓了一跳。它们会相互带东西给对方，尤其是一点点食物。它们用嘴衔起棍棒或骨头，昂首阔步，高调游行。我回忆起在阿拉斯加的一个晚上，夜晚11:30了，太阳依旧高悬天空，我们看到3只狼走在布鲁克斯山脉一座小山的侧面上，就像筏子划过河边的浅滩。阳光照亮了它们面前一片融冰的水塘。它们发现了水塘中有一些长尾鸭，于是迅速匍匐在蓝莓和石楠中。它们朝着水面缓缓扭动。在距离15米时，它们如同弹出的木塞一样，突然飞蹦到空中，将鸭子一举擒获。长尾鸭朝着天空四下飞蹿，一时间挥舞的翅膀、跳跃的狼和一片水波粼粼乱作一团。长尾鸭胸前的羽毛悬在空中几乎一动不动。它们逃离了。狼在池塘里嬉戏，舔了一些水，然后就走了。这一切就是一个游戏。

狼群的社会关系通过三个人际交流和群际交流的体系来维持：声音、肢体信号和气味标记。

众所周知，狼的嚎叫是一种社会信号。狼嚎通常由单个音符组成，开始时急剧上升，最后当它气息不够的时候，或许会突然中断。这声嚎叫可以包含多达12个相关的谐波。当狼和伙伴一起嚎叫时，它们不是合唱同一个音符，而是相互进行和声，从而创造出群狼嚎叫的假象。狼不一定非得站着嚎叫，它们可以躺着或者坐着嚎叫。我甚至见过一只狼在排便时嚎叫，带着几分机不可失的意味。

人们对狼嚎的本质和功能的推测非常多，超过对其他任何动物的鸣叫的推测。狼嚎是丰富多变而引人入胜的声音，这种诱人的声音诡谲奇怪，令人毛发悚然。狼嚎显然是在召集狼群，尤其发生在狩猎的前后：用来传递警报，尤其是在狼穴；在风暴中或在不熟悉的地区用来相互定位；以及用来进行远距离的沟通。根据作家兼博物学者法利·莫厄特（Farley Mowat）所言，有些因纽特人声称自己能够理解狼嚎的意思，并且利用狼的嚎叫来确定迁徙驯鹿的到来。在北极无风的天气里，狼的嚎叫可以传递 9.7 千米以上。

少有证据表明狼群在追逐的时候会发出嚎叫，但是它们在事后会这样做，可能是为了庆祝狩猎的成功（食物的存在）、它们的英勇技能，或者是为了庆祝它们齐聚一堂，没有伤亡。阿道夫·默里却曾经亲眼看见，一只独狼在捕猎老鼠时发出了嚎叫。

从来没有证据表明狼会对着月亮嚎叫，或是在满月的时候频繁嚎叫，不过狼在早晨和傍晚的确叫得更加频繁。在冬季的几个月，在交配期和生育期间，狼的嚎叫会达到一个高峰。在冰天雪地、天气晴朗的夜晚，狼嚎声自远处传来，而满月的月光更为雪堆平添了些许怪异，因此也不难理解，狼群对着月亮嚎叫的想法会这么深入人心和广被传扬。

这是野性的、未经驯服的鸣叫。它在山腰处激荡，在山谷中回旋。我的脊梁传来一阵诡秘震颤的感觉。你懂的，这不是恐惧，而是一种酸麻的感觉，好像背部有毛发拂过。

——阿拉斯加陷阱猎人艾达·奥尔顿（Alda Orton）

是何种情绪促使狼发出嚎叫？目前对此依旧未知，虽然野外和实验室研究组都认为：孤独的嚎叫和群体的嚎叫都可能是由不安和焦躁引起的。孤独是经常被提起的一种情绪，但是群体嚎叫带有庆祝和友谊的性质，野生生物学家德沃德·艾伦（Durward Allen）称之为“狼群的欢腾”。默里写道，四只狼在地平线处集合，一起摇晃尾巴，欢快嬉戏。它们开始嚎叫，此时一只雌性灰狼从巢穴奔跑过来，加入了它们。它们殷勤地摇动尾巴，展示友好的情绪，迎接雌狼的到来。接着，它们将头后仰，一起嚎叫起来。默里写道，这种嚎叫声轻轻地飘过苔原。紧接着，集合骤然结束了。这只母狼回到了巢穴和孩子的身边，其他狼则进行夜间狩猎。

类似的行为出现在非洲野犬身上，一位研究者称之为情绪同步活动。

除了嚎叫，狼的其他声音受到较少的关注，虽然狼更加频繁地使用这些声音，来传递更多信息。这些声音通常被归为三类：咆哮、吠叫、呜呜声或吱吱声。狼的嚎叫声在野外曾有过记录和研究。而咆哮、吠叫、呜呜声仅在野外听到，而且甚少听到，因此接下来我们的探讨必须完全依据圈养动物的信息。

狼甚少吠叫，而且它的吠叫不似狗的吠叫，而是更安静的“低吠”。它们不会像狗那样一直持续地吠叫，而是在比如陌生人靠近围栏的时候，低吠了几声就停止。

研究报道，在野外，狼的吠叫通常和狼群在巢穴受惊有关，通常是雌狼开始发出警报的吠叫。

咆哮通常是在食物受到挑战的时候，和吠叫一样，咆哮通常和在特定的社会背景下受到威胁或者维护权威有关。在人类听来，这种咆哮最像狗发出的声音，它通常和其他行为有关，比如为了争夺骨头。咆哮在幼崽玩要时比较普遍。幼崽会咬住后仰的成狼的颈部毛发，并发出咆哮，甚至会煞有其事地对成狼咆哮，试图让成狼交出食物。另一种类型的咆哮是一种较高音的咆哮声，听起来像是一声呜呜声，经常发生在狼向对方发动猛扑之前。

或许最有意思的声音就是呜咽声和彼此呼应的高亢的吱吱声，这些声音和互相问候、喂养幼崽、一起玩要、在豢养地踱步，以及其他焦虑、好奇和探索的情况有关。这些是狼群亲密的声音。

一年春天，我连续几周都在观察一个驯养狼群，其中有 4 只幼崽。

借助狼穴地下的传声器，我得以听到一些其他人无法听到的声音。这些幼崽会经常在巢中摔跤、咆哮和尖叫，但是一旦妈妈回到巢穴，发出（通常是，但不总是）喊吃饭的吱吱叫声时，它们就会立即停止这些行为。有时，这是妈妈呼唤幼崽一起玩要。对于这个狼群来说，惯常做法是阿尔法狼从看护人手中取得肉（鸡），然后用吱吱声呼叫其他个体，如幼崽。听到呼唤，它们都会小跑过来。然后，成年个体和年轻个体都会扭动身姿，犹如参加舞会——每只狼都会发出吱吱声，年轻的个体会拍打成年者的口鼻，直到它们把未消化的肉反刍出来。

当狼崽子玩得太粗犷了，狼妈妈会发出吱吱的叫声。狼爸爸有时也会发出吱吱声把狼崽叫到自己身边，之后它们会站在那里互相碰鼻。这也许是一种安抚。

一些吱吱的叫声会经常重复，以便识别。这些声音和某些具体的行为联系在一起，让人不得不猜想这是真正的交流。

狼的听力范围可高达 26 千赫（超过人类的听力范畴，这大概是蝙蝠和鼠海豚发声的范畴），但是狼要利用高频的信息做什么，这依旧是个谜。狼可以分辨在 10～15 千赫区间的一个单音——这种侦测高音的能力或许可以帮助它们定位雪地里的啮齿动物。很多俄罗斯科学家认为，狼的捕猎更多是依赖声音而不是嗅觉，而且狼具有较宽的听力范围，以及出色的听觉辨别能力，这使得听觉成为它最敏锐的感官能力。

肢体语言的交流由一系列的行为组成，如面部表情、尾部姿势，以及竖起毛发（竖起颈部毛发）。飞扑、追逐、身体碰撞以及打斗，还有更加低调的姿势，也可以看作是肢体语言。

在 1947 年，鲁道夫·申克尔（Rudolph Schenkel）首次记录到狼的一系列面部表情，并将这些面部表情（以及尾部姿势）和狼的情绪、情感联系起来。对姿势进行简单的归类，如怀疑、威胁、焦虑、屈服等，后来发展成更加复杂的分类方式。今天人们倾向于把姿势动作看作动态的：它是一系列复杂行为的一部分，借助发声得以强化，且具有个体特质。

在同一个狼群中，当主雄遇见群体内低等级的雄性时，它会直立不动，尾巴和脊柱保持水平，并盯着其他雄性。低等级的个体一般会压低身体，放下尾巴，略微避开主雄，并垂下耳朵。在更严肃的会晤中，它可能会缩回嘴角，露出牙齿，展示所谓的顺从式咧嘴笑，同时它会扭动脑袋，抬起头来看着阿尔法动物。这被称为被动屈服。假如低等级的狼试图去舔主雄的口鼻，那么这就是一种主动屈服。

对一个不经意看到的人来说，狼的这种表现揭示出一种支配和从属的关系。然而，对一位长期与狼打交道、对狼群的个体非常熟悉，并且比较了解狼群历史（如打斗、交配、结盟等）的观察者来说，他能够分辨很多细微的行为。狼的许多会晤都很简单，但是如果把狼的姿势简单化，并将其当作一条准则，就会产生误导。一个明显处于从属地位的狼可能会表现出屈服、恐惧，与此同时表现出防御性攻击。在一次会晤中，哪一方处于从属地位，这个问题即便是一位有经验的人种学家也会误解，他会把抑制性假咬（一种顺从姿势）看成是一种进攻（一种支配示威）行为。

左侧是一只10岁的支配雄性狼，右侧是一只1岁的雌狼，这是紧张的时刻。这一刹那，年长的狼展示了如下的肢体语言：它的尾部部分竖直，背部隆起，耳朵前倾，且吻部垂直收缩，这表示它生气了。从属的狼表现出屈服：它的耳朵压低，眼睛转到眼白，表现出“舔的意向”这种安抚行为，而且身体总体压低。最后，它的爪子抬起，以平息成年狼的愤怒，这是另一个安抚姿势的一部分。

之前提过，狼具有独特的皮毛标识，这能突出它在姿势表达中的细节，正如口红能够突出人的嘴唇，或者眼影能够突出人的眼睛一样。狼尾的尖端呈深色，造成了明显对比，从而增加其能见度，同时也突出了尾巴的摆动区。狼尾摆动是它兴奋的标志。狼的嘴唇呈黑色，鼻口和下颚的毛发呈白色，形成鲜明对比，从而突出了脸部的这个重要区域。脸部本身也有细微的标识，特别是在眼睛周围。耳朵上披有浅色的毛发，外缘披着黑毛。

脸部是狼展示沉默姿势的重点。申克尔和其他人已经辨别出狼的很多面部表情，尤其是和眼睛、耳朵和嘴唇有关的表情。他们所用的术语表达了这些表情的变化和复杂:“舔的意向”“挑衅的皱纹”“牙齿咬合”“恐吓的凝视”。在野外，观察者甚少能近距离观察这些表情。申克尔特别注意观察狼耳朵的角度和前额的皱起，并将其作为判断狼的意图的线索。我想，在巴塞尔动物园，当他坐在狼的笼子外，思忖着一种新语言缓慢出现时，我们能够感觉得到他有多兴奋！这种新语言是理解狼的行为的无价之宝。

当狼聚在一起的时候，它们经常会互碰鼻子，用下巴推挤对方，摩擦对方的脸颊，以及进行面部互舔。一只狼用嘴去舔另一只狼的口鼻，这是一种和蔼可亲的姿势，而用牙齿把另一只狼的脸鼻夹住，这就没那么和蔼可亲了，不过也不是人类以为的那样横眉怒目。“横跨”和“骑跨”是不同的姿势，狼会横跨或跨越另一只趴下的低等级的狼，以此来强调自身的优势地位。相应地，居于从属地位的狼可能会用背翻滚，甚至在一个极端的案例中，屈从者在它自己身上排泄了几滴尿液。当一只狼从一侧靠近另一狼时，它可能会故意用臀部去碰撞对方，经过一阵推搡和摩擦之后，它就将一只爪子搭到另一只狼的肩膀上，并骑跨到它的身上。这也是一种宣示支配地位的姿势，在幼崽中很常见。另一种常见的姿势是主雄狼的腿部僵直法，而其他的群体成员腿部松弛，动作像在骑自行车，两者形成鲜明的对比。

应该牢记的是，狼群之间存在着误解，就像人际关系中存在的那样。而且，观察者偶尔会观察到，当一只狼偶遇到恐吓其他个体的神情时，它的脸上会浮现惊讶的表情。人们看到狼群的“屈服”行为，并以之为耻，比如骑跨在他者的背上，我认为这未免过分较真了。屈服不是一种神经质，它对于维持狼群的和谐至关重要。屈服行为早已有之，合乎逻辑并令人愉快。最初，幼崽用背靠地滚动，它们的父母把它的身体舔干净。最初，它们用鼻子摩擦成年狼，催促后者反刍食物。在狼的圈养地所看到的大部分行为并非屈服在食人魔的脚底发出呜咽，将其看作一种促进群体和谐的“安抚表演”也许更加确切。

我们为理解狼的语言所做的努力只是敷衍了事，并且多少是基于这样一种信念，即动物思想简单，因此语言也简单。狼的身上有很多我们听不到的声音，也有很多我们看不到的信号。人们对狼的肢体动作进行描述，如行云流水，精雕细琢，当这些肢体动作开始和狼的声音结合起来时，我们一定对狼以及它的肢体语言有进一步的了解。

不幸的是，我们对于狼的第三种交流方式所知甚少，这是一种与气味标记和腺体分泌物相关的复合型嗅觉线索。

当一只主雄在野外游走时，它平均每两分钟就要做一次气味标志，或者检测一处气味标志，这表明这种活动的独特重要性。一般认为，气味标记的主要功能是标记狼群的领域，并警告入侵者。但是美国行为心理学家罗杰·皮特斯（Roger Peters）是第一批研究这种现象的人之一，他认为，领域的标记仅仅是气味标记的次要功能。气味标记的首要功能定期标记领地，维护狼群的利益。标记可以帮助年幼的狼建立认知地图，记住家域范围，这样它们就能凭借溪流或最近的猎场获知自己的位置，并知道如何到达希望去的地方。当狼群分散的时候，气味标记可以帮助它们进行交流。根据气味标记，狼可以判断出一片区域近期内是否已被搜捕，狼群的某个成员是否在一个大致的区域内，或者是哪只狼和哪只狼近期在一起游走。皮特斯写道，这就可以确保有效地利用领地内的每一部分。这就好比森林居民伫立在某棵橡树的树洞前，互相给对方留言。

皮特斯把气味标记分为四类：抬腿排尿、下蹲排尿、排便和挠抓地面或腿踢泥土。其中第一类气味标记是最重要的。主雄一般会留下这种气味标记。这些气味标记被留在高于地面的物体上，以确保更大的蒸发面（因此会有更强烈的气味），并保持标记不受雨或雪的影响。蹲下排尿和排便可能同时具有气味标记和排泄功能；排便可能会触发肛门腺体，在粪便上留下独特的个体气味。抓挠泥土的功能可能是一种对统治权的视觉展示，这有利于狼群的其他成员的利益，但是如果脚趾之间的腺体受到刺激，就会留下另一个嗅觉信息，从而达到其他目的。

狼会定期留下气味标记，它们会平均每 3 周就游走在已经建立的狼道上，对自己领地内的每一处标记进行视察。实际上，该地区的嗅味热点星罗棋布。为了确保某个气味标记能够在最短的时间内被其他个体发现，标记被集中留在狼道的岔道口边上。但是，当狼在跨越一个地区追踪猎物的时候，它也会留下气味标记，以便分辨自己是否身处狼群的领地内。

气味标记能够警告入侵者，但是它们更大的目的似乎是为了保持本地狼群的空间结构。它们也能帮助狼群找到开阔的领地，帮助独狼和异性相互邂逅，而异性是组成新狼群的核心成员。

腺体分泌物形成另一种嗅觉刺激，在不同狼群之间的交流中起到重要作用，但是我们对此知之甚少。肛门（腺体）检查在雄性狼群中很常见，其中处于优势地位的雄性通常要下属动物露出肛门以便检查，而后者则会掩藏肛门，或者不情愿地露出来。雌狼很少参与肛门检查，除非是在繁殖期，这时它们像其他雄性一样，会被外阴的血液所吸引。

其他腺体包括尾部上方的尾上腺，它通常披有小块黑色硬毛，和周边毛发区分开来；还有脚趾间的腺体和脸颊周围的腺体。

狗有在腐烂物质中翻滚的习性，这在狼身上也有发现。它们通过这种方式来采集气味，并且把气味传递给其他群体成员，这些气味或许具有交流功能。

罗杰·皮特斯曾经告诉我，在苏必利尔国家森林，狼有时会在啤酒罐上排便。像其他气味标记一样，这些粪便同时散发视觉和嗅觉信号。我们从中不应只是看到，狼可能在说我们有乱扔垃圾的习惯。狼可能是在它们认为会对其他个体（尤其是幼崽）造成危险的物体上留下气味标记，因为狼也会在陷阱和毒饵上排便，以留下气味标记。皮特斯认为，狼粪上的嗅觉信息是为了向群体内的其他成员传递信息，如果这是正确的，那么狼在危险物体上留下气味标记的说法就言之有理。

没有人知道狼可以闻到什么，但是有种猜测认为，狼对于微弱的气味不是很敏感，就连人类的鼻子都要比它擅长。但是狼能够区分很多相似的气味。人类闻起来像“森林”的气味对于狼来说可是包含了上百种不同的信息。这种区分气味的能力，以及对气味的记忆能力（类似于有些人能够记住数百种鸟叫的听觉记忆，比如其中哪一只鸟，在一天的什么时间，发出怎样的叫声）成为狼借以探索世界的另一种方法。

有人认为，狼的鼻道很长，这是对敏锐嗅觉的自然选择的结果，但是这更有可能是因为它需要强大、有力的颚部，而鼻子的进化或维持是其中重要的一部分。

狼还运用了另一种不明显的、超感官的交流方式，至少超出了人类的认知范畴。我注意到一些圈养的动物在休息的时候，即使没有听到声音，且没有视觉接触，它们也能够相互传递信息。它们或者相背而坐，或者一只正在从围栏角落的树上爬下来。这时，如果有一只狼专注地盯着某物，这就会明显触发某种紧张感。其他个体会做出回应，抬起头来，毫不犹豫地转过头看向那只狼正在盯着的地方。根据我的经验，通常都是下属动物首先做出反应，最后才是主雄（雌）动物。或许后续的研究会揭示其中的基本原理。当然，这种交流方式暗示了很多东西。

说到这儿，不得不提一个甚少受到关注的事实：狼会互相残杀。为了改变许多人对狼的坏印象，有些人提出，虽然狼可能会战斗，但是这些争斗并不会致命。这种说法是不对的。狼会互相残杀，尤其是在圈养的环境下。在野外，死亡通常和领地入侵相关联，尤其是当幼崽受到威胁的时候。有些狼，如癫痫幼崽患者、陷入钢铁陷阱的狼、被鞭打的狼、被驼鹿或猎枪打得跛脚的狼等，会被它们的群成员杀死。同一群狼的成员很少进行斗殴并打斗致死，失败者一般会飞奔而逃，它们表现出了仪式化打斗的能力，但和高等级个体的争端有时会导致一场血腥、沉默、至死方休的打斗。在圈养中观察到，狼被当作替罪羊的情况是相当普遍的，通常是一只争夺首领地位的狼，或是一位曾经叱咤风云的主雄或第二主雄。如果它曾经是主雄，在其位而虐待其他个体，那么它就可能被以牙还牙。如果它作为主雄的时候比较仁慈，它也将会受到友好对待。有意思的是，这位昔日霸主通常会被流放到狼群圈养地的边缘，那里的人流量最大。在野外，昔日霸主会远远跟随群体，吃它们剩余的食物，偶尔也会尝试加入它们。狼群甚至允许它暂时加入，比如当需要驱逐来自另一狼群的外来者时，有时它甚至可以重新入编狼群。

在我观察的圈养情景中，一只曾经身居第二主雄、而后被流放的狼依旧受到主雄的保护。一天，流放狼和群里的9只狼发生沉默而激烈的打斗，主雄把双方分开，此时流放狼全身伤痕累累，两天行动僵硬。这个事例中有一个奇怪的因素：这些攻击是因为流放狼试图在指定区域外排便而引发的。这只狼似乎患有便秘，并且用爪去挠臀部，好像因为蛲虫而烦恼不已。在我看来，那只狼遭到流放可能与肠道问题有关。野外的狼如果受到感染或者患有疾病，并威胁到群体健康，它会不会被驱逐流放呢？这是一个非常有意思的问题。

现在，读者可能已经试图根据家犬的行为来看待狼的行为。应该强调的是，这不是明智之举。狗患有各种各样的情绪障碍，其中许多是通过选择性繁殖引起的，这种繁殖会破坏或彻底改变它们的交流系统。很多因素迫使家犬寻求其他的通信方式，比如断尾（拳师犬）、剪耳（杜宾犬）、脸部过多的毛发（牧羊犬）、下垂摇摆的耳朵（猎犬），以及统一的毛色（威玛）等。我们在它们身上看到的行为通常都是徒劳无功的交流，例如，在消防栓上留下气味标记。

第三章
捕猎和领地

狼的饥饿和我们通常对饥饿理解的不同。它们的觅食习惯和消化系统适应了“盛宴或饥荒”的情形，并能够在相对较短的时间内捕获和加工大量的食物。它们几乎总是处于饥饿状态。狼通常会3～4天不进食，然后开始暴食，一次能吃多达8千克的肉。之后就是“醉肉”，它们躺在太阳下，直到消化完（2～3个小时），然后再次开始新的循环。在俄罗斯有个记录，一只狼17天没有进食，一般的报道显示狼一次进食的量可以达到自身体重的五分之一。

狼的食物大部分来自多种动物的肌肉和脂肪组织。心、肺、肝等内脏组织也会被狼吃掉。骨头被咬碎以获得骨髓，骨头碎片也会被吃掉；甚至毛发和皮肤也会消化掉。唯一被置之不理的部分是胃，以及胃里的东西。一些植物性食物是分开取食的，特别是浆果，但是灰狼对这些食物的消化不好。红狼一般会取食更多的植物性食物和小型猎物，如沼泽棉尾兔、招潮蟹等。所有的狼都会吃草，可能是为了清理消化道，清除蠕虫。草主要由纤维素组成，狼无法将其消化。

狼平均一天会消耗 2～4.5 千克肉，并且喝下大量的水，以防肉类饮食会产生过高的尿酸，从而引起尿毒症中毒。狼具有大肝脏和胰腺来促进消化，而粪便说明了它的大肠多么高效。在野外，狼粪通常含有骨头碎片和裂片，以及鹿蹄子的坚韧的残留物，一同裹在动物的毛发中，这些毛发能从狼的结肠中通畅排出。

狼的食物取决于地域、季节和年份，如丰年和荒年，其主要肉食来源是驼鹿、麋鹿、羊、驯鹿或海狸。狼也捕食水牛（在加拿大伍德布法罗国家公园）、雪兔野兔（在埃尔斯米尔岛）、不会飞的鸭子（在加拿大詹姆斯湾地区）、旱獭、老鼠、松鼠、松鸡、鹅和兔子。狼会捕鱼，追踪鲑鱼、北极河鳟等。它们也会抓住时机，从岸边急促跳进水里，一口咬住鱼类。它们吃腐肉，偶尔吃昆虫，特别是遇到昆虫泛滥成灾的时候。它们也会猎杀家畜。它们狩猎通常是有的放矢，但也是机会主义者。

许多研究表明，狼主要捕食年迈多病或年幼弱小的猎物。这虽是惯例，但并非都是如此。它们的确会猎杀正值壮年的猎物。而且它们会过度杀戮（虽然过度杀戮通常都发生在穴居期间，这时狼群的活动范围限制在狼穴周边，有必要确保足够的肉食供给）。事实上，狼可能喜欢杀死或试图杀死任何处于不利地位的动物。要记住的重要一点是，一般来说，狼群的杀戮通常不会针对整个猎物种群，不会将其猎杀灭绝，尽管它们曾经这样做过。看似非比寻常，它们也会实施“休耕”作业，在领土内的某些地方对鹿休猎 4～5 年，让猎物在那里休养生息。

过捕行为

狼有时会杀死超出食物所需的猎物。从 19 世纪水牛猎人的行为看来，这也是人类身上的一大奇怪的特征。在某些特殊的情况下，当一个猎人在牛群中放倒一只又一只水牛时，它们居然从容不迫。没人知道其中的原因，不过可能和风有关。流血的场景，以及同伴的惨叫似乎对它们来说毫不影响。它们似乎视而不见，直到忽然间——一阵风吹来，它们看到了遍地尸体。它们狂奔而去。猎人通常会一直开枪，直到枪管过热，有爆炸的风险。那些曾经在场的人都说被牛群的视而不见惊呆了，那一刻似乎悬停了。当牛群最终有了反应时，那种想要开枪的盲目冲动立刻弱化了，心中泛起一阵后悔的感觉。

当狼的种群比较小，或者当猎物的种群超过狼的食物供给时，狼可以随心所欲地杀死所有年龄段的猎物。

就像一些人不相信狼会互相残杀一样，有些人可能会相信狼只会杀死注定无法逃脱的动物——年老的、生病的、受伤的。但是，像狼这样的食肉动物对猎物的捕杀充其量只是粗暴的。至于哪种动物将会死亡，这同时受到寒冬、栖息地退化、人类捕猎等因素的影响。

一句话，我们知道得并不充分。

狼在狩猎的想法强有力地吸引着人类的想象力。一只狼可能会花去生命中三分之一的时间在捕猎。这是进化给它的任务，也是非常适合它的任务。依靠颚部强大的肌肉，狼可以夹住驼鹿的肥大的鼻子，当驼鹿把它甩在地上，或痛苦地踩踏它，想要让它松口的时候，它都坚持咬住不放。狼可以在逃跑的猎物后面进行几千米的追踪，也可以在几千米外闻到猎物的气息。狼具有敏锐的听力，并且可以识别动物的踪迹。

人类钦佩狼的实力和不知疲倦的追求，但死亡本身让人感到非常不舒服，比如血液、伤痕，以及想到受伤的动物在死前的苦苦挣扎。历史上曾经有人表示愿意支持狼的保护工作，只要他们能够克服对狼杀戮方式的反感。这些人经常无法忍受狼的杀戮，比如杀死像鹿一样“美丽的”生物。因此，狼所捕食的猎物物种需要特别注意。

狼是非常出色的猎人。我们是否喜欢狼的行为（是否喜欢其肛门腺的气味或其在腐烂的肉中滚动的行为），这是没有实际意义的，又或许有点意义。狼与最大的有蹄类动物并行奔跑，然后猎杀它们，切断它们的后腿，破开它们的侧翼和腹部，撕裂它们的鼻子和头部，不断攻击它们，直到它们大量失血，力量削弱，肌肉断裂，最后倒在地上。这时，狼通常撕裂腹腔并开始进食，有时猎物还未死去。如果追逐的过程非常艰辛，狼会在进食前休息一会。

民间流传着一些故事，说狼会实行条顿式的有组织的袭击，其中有些狼充当诱饵，有些狼进行伏击，创造一种超级军事战术的感觉，这是一种误导。狼是天才的狩猎者，而不是掠夺者。有的故事说狼群会在袭击中相互撕打，就像一群血腥狂热的鲨鱼，这些故事是虚假的。为了反驳牧场主的说法，有些人提出狼的杀戮从不超出需求，这种说法也是错误的。在野外，狼有时的确会杀掉超出自身食物需求的猎物。

1969 年，明尼苏达州遭遇了几场难得一见的大雪，狼几乎杀掉了它们遇见的每一只鹿，留下许多完全没有吃过的尸体。荷兰生物学家汉斯 · 柯鲁克（Hans Kruuk）研究英国狐狸和非洲鬣狗的身上出现的这种现象，并给它取了个专有名词——过捕。他认为，一些特定的事件导致动物的死亡，并抑制了捕食者的杀戮冲动。如果事情发生的顺序错乱了，如果说遭遇罕见的气象事件，如不合时宜的深雪，或极度黑暗的干扰，如果猎物无法逃跑或没有逃离，那么捕食者就会不断杀戮。

对于狼来说，以捕猎驼鹿为例，野生生物学家麦奇（David Mech）认为程序如下：（1）发现驯鹿并试图接近（跟踪）；（2）狼和驯鹿彼此嗅到对方（对峙）；（3）狼冲上前去（突袭）；（4）驯鹿逃跑（追逐）。

但是事情并不总是这样顺利。一群狼或许会捕捉到驯鹿的气味，然而却对它置之不理。狼和驯鹿可能会彼此密切盯着对方，随后驯鹿也许会跑掉。在追逐的过程中，驯鹿或许会被包围，似乎命运已经注定，可是突然间，有一只狼追到一半就停止追逐，并猛击狼群的其他成员，把它们都赶跑了——好像这只驼鹿并不是它们想要的那只。

麦奇从罗亚尔岛上空进行观察，在 160 只驯鹿中判断哪些在狼的狩猎范围以内：29 只被置之不理；11 只在被狼发现之前就先发现了对方；24 只在直面狼群时拒绝逃跑，并且落单了。

在 96 只逃跑的驯鹿中：43 只立即逃走；34 只被狼群包围，但是没有受到伤害；12 只进行了成功的防御；7 只被袭击；6 只被杀掉；1 只重伤，被鹿群遗弃。

狼在杀死驼鹿方面似乎效率很低或不太认真。或者，事情没有我们理解得那么简单。

狼捕杀驼鹿和其他动物的方式存在不同，比如捕杀在草地上的老鼠、陡峭山坡上的白大角羊和普通苔原上的北美驯鹿。随着猎物体积的变大，对狼的技能和耐力（以及狼群大小）的要求也会随之变大，狼自身被杀的概率也随之增加。捕猎驼鹿要求狼对捕猎技能进一步完善。正是通过与大型动物的对峙，狼的娴熟的捕猎技能才得以清晰展示出来。

下面举个例子。1951 年，有一个经典的事例发生在加拿大艾伯塔省伍德布法罗国家公园。两头水牛和两头奶牛躺在草地上反刍，其中三只身强体壮，而一只奶牛有点跛脚。狼屡次靠近，又屡次后退，显然是受到人类观察者的干扰。不过，在狼每次靠近时，跛脚的奶牛变得焦躁不安，并开始四处察看。它的三个同伴对周围的狼视若无睹。当一只狼走近到约六七米的时候，那只跛脚的奶牛用颤抖的腿站立起来，独自面对着狼。很明显，在对猎物的选择中，捕猎者和猎物双方都发挥了一定的作用。

对驼鹿和其他猎物的尸检证实了狼对猎物的选择。如上所述，狼主要搏杀年幼的、年迈的、受伤的、生病的猎物，这些是在种群中意义不大（因为衰老、疾病等）的个体，或者因为受伤、受到传染病的感染而注定命不久矣的个体。毕竟它们是最容易捕捉的。人们常常忘记，像绵羊、麋鹿、驼鹿这样的野生动物，有时会因疾病和受伤而遭受痛苦，也许是因为我们大多数人认识这些动物都是在动物园，而在那里动物可以得到很好的照顾。一位加拿大生物学家曾经观察到一只濒临死亡的驼鹿，它的身上估计有七百多只冬季蜱虫寄生。被冬季蜱虫寄生的驼鹿在晃动身子时，会留下明显的血痕，或在白色的雪地上留下红色的血迹。驯鹿可能会受到牛虻和羊鼻蝇的严重影响，而驼鹿有时会因肺部的包虫囊肿而瘫痪。麦奇发现，一只驼鹿身上有57个这样的包虫囊肿，像高尔夫球那么大。坏死性口炎、放线菌病以及其他骨和牙龈疾病和蹄感染在有蹄类动物中也很普遍。

这些猎物显然具有不同的姿态、特殊的步态，以及呼吸的气味，或者更明显的身体虚弱，例如伤口、大量脱发、可见感染等。它们明显是在向狼宣布自身的身体虚弱，而狼对这种细微差别保持警觉。此外，狼会故意拱起背部[①]，引得驼鹿恐慌而逃，经过这一试探，它就会知道驼鹿的肺部受到喘息的影响，累得气喘吁吁。它可能知道驼鹿不会跑得很远，就会累得无力动弹了。

在野外可以经常观察到天敌试探猎物，尤其是在兽类中。这种试探通常都是敷衍了事。但是，或许有数以百计的动物受到狼的追击，然后狼忽然加速擒住其中一只，因此要说这些追击是草率行事倒也恰如其分。

如果猎物逃跑，它几乎毫无例外会被追逐。如果拒绝逃跑，或者向狼靠近，它就会被孤立。捕猎者和猎物之间似乎存在更多的信号。

有些动物独立觅食或游走，显然就是自取（或是中了圈套）灭

① 背部拱起，是狼准备进攻的姿势。

亡。麝牛站在防御阵型中无懈可击，可是一旦被孤立，就会成为狼容易捕猎的食物。（在群居物种中，远离畜群而形只影单的动物往往是衰老的、患病的，或两者兼而有之。）

其中存在一种逻辑。那些受伤的、年迈的以及生病的个体不得已暴露了自己的弱点，随后就会被淘汰。年幼的个体被猎杀，这反过来又控制了种群的规模，并且可能把劣质的基因或适应不良的结合扼杀在襁褓之中。

狼要进行狩猎，其原因可能是：猎物患病、猎物逃跑使然，或是因为它有进食的需求。但是有些要素表明，狼的狩猎行为没有那么简单。实际上，人们得出一个不同寻常的假设：狼寻找驼鹿只是为了猎杀它们。因纽特人认为，在冬季，一只健康的成年狼可以随心所欲地放倒一只驯鹿，但是它并不会这样做。也许只有狼才知道其中的原因，或者驯鹿也知道。

一直以来，人们都相信狼在捕猎时会运用多种策略，不过相关的资料还不是很清晰。有时，它们会采用看似有意识的策略，比如派出一两只狼来把猎物赶入埋伏圈。而且，它们还会略微改变战术以捕杀不同的猎物，主要是为了适应地形，而不是适应猎物的种类。它们更喜欢从上方袭击山羊。它们可能会进行策略分散，然后包抄冰湖小岛的两侧，并迅速把驯鹿赶到小岛的一角。当大平原上的羚羊丰腴肥美时，据说狼会躺在草地上，将尾巴左右甩动，像节拍器一样，这样就能吸引那些好奇的动物，等到它们靠得足够近，狼就会扑上去猎杀。它们也曾把水牛赶到湖冰上，大型动物在这里失去了立足点，它们也用这种方法来击倒麋鹿。

狼对体能消耗非常警惕，它在追踪猎物时会充分利用每一处地理优势，在雪地里会沿着驯鹿破开的道路行走，并在白天最炎热的时间段睡觉。有一年，明尼苏达州的食物非常稀少，因为鹿的种群数量急剧下降。狼适应下来了，它们去领地以外的区域寻找食物，大量休息，一天要睡20小时。

狼会逆风捕猎，也会迅速将任何新的道路纳入战略，主要是为了节约体能和便利伏击。狼对自身的能量预算有着清晰的认知，比如，它们会让一只狼在深雪中开路，而其他狼则沿着它的脚步前行。1970年3月21日，罗伯特·阿古克在阿拉斯加阿纳克图武克地区东北方向103千米处的苔原上观察到，狼有这种节约体能的有趣做法。一只狼独自追逐一只落单的驯鹿，穿过近10千米坚硬的雪地，进入松散的新雪区域。两只动物放慢脚步，步行起来，之后奔跑和行走相互交替，走了3千米，狼不断进行调整，和驯鹿的距离保持不变。这两只动物走出了松散的雪地，开始下一个斜坡，这时狼忽然猛地一阵快跑，追了70米，将精疲力竭的驯鹿放倒了。

狼对自己的领地非常了解，可以充分利用各种捷径，并知道可以将猎物赶到某处雪地里，以绊倒它们。但是，因为人们对狼有一种先入为主的观念，即狼会运用专心一意的策略，于是对狼进行观察时也在寻求验证，而这种观察有可能是错误的。

狼会无缘无故地（就人类的感官而言）停止追逐。一只狼可能会锲而不舍地攻击某个个体，而其他狼对此则毫无兴趣。狼在追踪猎物时，可能会查看猎物在一分钟内留下的足迹，并从中获得一些微妙的信息，然后就停止追捕了。

突袭猎物不一定会有确切的结果。追逐可能只持续几秒钟，可能持续数千米，也可能间断持续数天。然而，大多数大型猎物在被捕之后，死亡的原因都是相似的：（1）动物的臀部遭到巨大伤害而无法行走；（2）咬碎和撕裂导致出血并引起创伤；（3）狼的侵扰使得动物筋疲力尽；（4）腹部破开造成死亡。对于像驼鹿这样的大型动物，狼可能会抓住它的鼻子或头部，而其他的狼则会对它撕咬，并把它放倒。对于较小的动物，如绵羊、驯鹿等，一只狼就可以将其“骑倒”，并按住其颈部或头部，以使它们窒息。在深雪覆盖的地里，一只狼或许能够杀死一只驼鹿。动物很少因为狼的追击而变成残废。

一旦猎物受伤，还在垂死挣扎，一两只狼就会不断侵扰它，让它内耗，让它流血。其他的狼则在一旁休息，或者游戏，或者表现得漠不关心。狼群也可能会离开，只留下一两只狼来观看猎物死去。

此外，如果我们只是简单地考虑那些实际被杀死的动物，狼的猎物选择回想起来似乎相当一致。但是，这并不能解释那些未被杀死的动物，这也是一个同样重要的问题。

关于掠食者及其猎物的核心问题之一是：为什么某只动物被猎杀了，而不是另一只？为什么某个个体似乎在各个方面都很合适而被选中，而其他个体却被忽视了？没人知道其中的原因。

狩猎中最迷人的时刻是掠食者和猎物对峙的最初时刻。狼和猎物可能会互相盯着对方，并保持绝对静止。紧接着，驼鹿可能会径直地转身走开（如我们所见）；或者狼会转身走开；又或者狼会在不到一分钟的时间内发动攻击，并杀死猎物。狼群经常使用目不转睛的凝视来相互交流，同时狼也倾向于让陌生人加入这种凝视，如在狼和人之间的凝视。我认为，在那些凝视的时刻，捕食者和猎物之间进行信息交流，这种交流要么会触发追击行为，要么会当场撤销狩猎。我把这种交流称为“死亡对话”，读者或许会觉得吊胃口，不过我将在下一节谈到印第安人时再进一步讨论这个问题。暂时让我简单地说，有明显的证据表明，信号是来回传递的，并且也有证据支持死亡对话的想法。一位研究人员发现，只要按一定的方式戴着毛皮兜帽，他就可以轻易地把北美驯鹿吓得落荒而逃。他对狩猎狼进行观察，发现狼群意图明确，它们在接近驯鹿群时，会把头部压低。因此，他推断，这种行为和他把头藏在兜帽内的行为有相似之处，正是这种相似性把驯鹿吓得逃跑了。其他研究人员已经找到更多的线索，并推测猎物的选择可能基于捕食者和猎物之间的信息交换，但是这种支持也是功亏一篑。即使是野外研究人员也很少观察到狼的狩猎行为，而且当他们进行观察时，他们通常坐在飞机上，或是在非常远的距离以外，很难分辨狼的行为的细微之处。在这种情况下，最多也只能仔细检查雪地里的足迹，检查猎物的尸体，并尝试将发生过的事情拼凑起来。

狼的狩猎行为还有一些特点很有趣，值得一提。道格拉斯·皮姆洛特提到了一个“旁观者现象”。两只猎物受到追赶，当狼把目标定在其中一只时，另外一只会往回跑来观摩自己的同伴被杀害。默里曾看到，一只老鹰把一只正在跟踪羊的狼给赶跑了。麦奇从空中进行观察，他以为看到了“必杀无疑”，结果在现场查看的时候，发现猎物已经走开了。

过去，人们认为狼既卑鄙又嗜血；而在一个观念开明的时代，人们忽而认为狼既高尚又聪明。我们应该好好接受第二种观点。

所以，我们也用人类的术语来分析狼的狩猎行为，其中最有价值的就是含有狼的隐喻。这种习惯用法可能最终能够让我们增进对狼的理解。就我个人而言，我会说狼的狩猎行为不仅仅是杀戮。而且狼就是狼，不是人。

在继续讨论狼的领地之前，我想快速讲一下其他内容：贮食行为。狼偶尔会把部分猎物埋藏起来。在北极，严寒可以帮助保存肉类；在更往南的地方，植被的覆盖和森林的半腐层可以不让一些潜在的掠夺者靠近。狼用爪子挖洞，并用鼻子掩土，可能是为了记住食物的气味。但是，狼的贮食并不是非常有效。野外研究人员认为，鹰、黄鼠狼、狐狸、狼獾等动物会食用狼的储备食物，其频率和狼一样频繁。狐狸尤其擅长寻找狼的食物存储地。默里写过一只狼的故事，它杀死了一只白大角羊，并带走了其尸体的一部分。地面上覆盖着厚厚的积雪，积雪上留下了许多足迹，于是默里跟着狼的脚印，结果却在前方发现一只狐狸，它也在跟踪着狼。到了某处，狼往回走了 14 米，跳到狼道一侧两三米处，然后兜兜转转绕了好几圈。此时，狐狸也在绕圈，仿佛感到困惑不已。狼继续穿过一片潮湿的苔原，故意踩到浅水坑里，默里认为这么做是为了消除它身上的气味。经过一片树林后，狼来到了小溪边，足迹就在这里结束了。狐狸闻了一下气味，就像默里一样，发现在下游 14 米处有些足迹。狼走了足有近三百米，越过了小溪，又经过了树林。在那里，在一棵树的后面，藏着狼的食物。当默里到达那里时，狐狸已经搜刮了食物并离开了。

在我看来，这样的事件有利于培养森林动物的社区意识，当我们单独调查一个物种时，我们常常忽视了这点。

狼的领地范围到哪里为止，这点很难确认。不同狼群的领地会有重叠，也会有分歧，甚至有些领地会被遗弃。苔原狼并非全年都拥有领地。在冬季的几个月里，它们跟随迁徙的驯鹿大军，行走在广阔无垠的土地上。只有在穴居期，它们才会集中分布。另一方面，东部森林狼捕食的物种较少或根本不迁徙，因此它们的领地往往很容易分辨。在极端的案例中，例如在罗亚尔岛上，狼群十分明确，地块非常清晰，因此狼群的领地就像人类划分得那么精确。

特定狼群的领地范围也会随着季节变化而改变其大小和形状，比如在穴居期有一定程度的变化。在冬季，狼群可能会在一个较小的区域停留数周，该区域会有大量的鹿长成了。领地的大小反映了猎物的密度、可食用猎物的类型，以及狼群的数量。有一些狼，比如独狼，似乎没有任何领地。

这不是定义的问题，而是概念的问题。“领地”经常被理解为固定、明确的事物，比如一个城市街区。但是，狼的领地却是高度可塑的，其原因之前已经提到。你有可能在某片区域经常见到一个狼群，这种想法是合情合理的。但是我们谈论的并不是准军事生物对某个区域进行井然有序的划分——这是对“领地”和“私人房产”两个概念的混淆。

狼的领地是通过气味标记和狩猎活动来确定的，尽管它们的领地是暂时的。狼群在游走时，不断地返回某些地点，由此我们可知它们的领地范围。如果狼群身处领地的边缘，一只受伤的猎物越过领地的边界并进入另一个狼群的领地，那么它们可能会允许它逃走。狼群对相邻狼群的气味标记相当排斥。领地的分界线是由双方的边界决定的。越界的狼会被杀死，由此可见边界问题非同小可。

在其他条件相同的情况下，北方的狼群比生活在南方茂密森林中的狼群占据了更大的领地。南部的猎物分布密集，狼群只需较小的领地就能获得相同数量的食物。因此，狼群领地的规模只是一个无足轻重的问题。更重要的是这样的问题：每年离群的孤狼会去哪里？它们会加入其他狼群吗？如果没有，它们如何建立一片新的领地，以及在哪里建立？一块260平方千米的领地忽然从天而降吗？这又引发了一个更加有趣的问题：如果独狼是一个不稳定的社会实体（它正是如此），而狼群通常不会接受陌生的狼，那么发现狼群的地区是如何吸纳动物、增长种群数量的呢？又是如何（很可能会）控制相邻领地的呢？独狼的确找到了一席之地，因此答案只能是说狼的领地是自然演进的，而不一定是排他性的。

领地本身并不是很令人兴奋。不过重要的是以下事实：借助气味标记，领地可以促成不同狼群之间的交流。领地的存在非常有必要，它会严重影响对狼群数量的控制。而且，冒犯领地边界有时会导致死亡。

狼是十分神秘、神出鬼没的生物。麦奇在野外研究它们已有20年了，但是他在地面上所见到的狼仅有几十只，这些狼无法在飞机上看到，也无法用无线电项圈来追踪。神出鬼没是狼的一种防御性特征，可以想象其功能是避免被其他狼群发现，因此相邻的群体可以拥有部分重叠的领地，而甚少有相遇斗殴致死的风险。在猎物数量波动的时候，这可以让一片区域略微“松口气”。神出鬼没还有利于离群的狼进行活动。

狼的世界和北美印第安人、因纽特人的世界有某些共同点，这将会在下一章讲述。在这里，我想说一下波尼和奥马哈印第安人，均以捕猎迁徙的水牛群为生，为了便于追捕猎物，这对宿敌同意允许对方进入自己的领土。类似地，为了进行各种事务，平原印第安人会来回穿越其他部族的领土，并为此培养出了神出鬼没的技能。领土会习惯性地此消彼长，一片久未使用的区域可能会被附近部族的某个群体占领。

狼在寻找领土时最有可能遇到敌对的狼和人类。在我看来，为了承担这样的风险，你必须注重一点：若要成功，你得做到神出鬼没。

大多数领土战斗涉及当地狼群和独狼，当然狼群之间也可能发生争斗。如果相遇斗殴会致命，死去的几乎都是入侵者。1970 年 6 月 25 日，四只狼在麦金利山国家公园杀死了另一只狼，有三个人看见了。他们看到，一只黑色雄狼正在吃驯鹿的尸体，忽然一只灰狼独自出现了，其后跟着另外三只灰狼。黑狼跑了，但第一只灰狼赶上了它，把它扑倒了。数秒后，其他三只狼也来了，它们都开始咬黑狼。黑狼表现出服从，灰狼的攻击似乎缓和了。接着，黑狼跳了起来，似乎试图逃脱。灰狼再次袭击，直到其中一只灰狼咬住了黑狼的喉咙才停下来。黑狼一度抬起头来，然后显然死去了。灰狼后退，在该区域周围嗅闻，然后离开了。

这起事件是由黑狼吃驯鹿尸体引起的，还是仅仅是一次非法闯入的事件，这并不清楚。

在野外研究狼群的生物学家普遍认为狼喜欢游走。我认为确实如此，而且狼维护了广阔的领地，其中一个原因就是为了可以在广阔的空间里自由地游走。

狼是如何行至、了解和占据领地，这还有待研究。狼通过两种方式，即咆哮和气味标记，来保证不同群落之间存有适当的空间，以便分配食物和确保所有相关人员都有足够的空间。但还有更多有趣的观点。研究表明，狼群能够越过领地去拦截迁徙的动物群，尽管出发时看不到这些动物，但是狼似乎对它们将要出现的地方有着不可思议的敏锐感觉。它们似乎确实清楚地知道驯鹿会在什么时候来到它们身边，因此提前来到驯鹿最有可能出现的岔道口（它们一定在此之前就记住了这些岔道口），并在那里设置伏击。我记得有一次在阿拉斯加中南部的一处盆地中遇到了一群狼。其中有一只中了一枪镇静剂，倒在一根木头上；为了走到它的身旁，我们不得不将直升机降落在一片空地上，费力穿过半人高的深雪才来到它所躺的地方。

我们靠近后，我发现它看起来很健康。时值三月，正是一年中的贫困时期，但它的背部有一层很厚的脂肪。它吃得很好。我打开它的嘴巴，看到它的犬齿被磨成了小块。它该有八九岁了。它所吃的肉并不是它自己猎杀的，故而在狼群中，对种群没有贡献的动物也能存活下来。它曾经为狼群贡献过什么呢？它的贡献就是做过许多事情，积累了很多经验——尽管这个概念比较拟人化，但是我无法对此动摇。我想，它是一只知道去哪里寻找驯鹿的狼。

狼与它们没有捕猎的动物之间存在千丝万缕的联系。有的动物，比如郊狼和猞猁，看到狼到来就会离开。有的动物，比如狐狸、乌鸦、狼獾等，会以狼留下的腐尸为食。狼会利用被遗弃的狐狸洞穴和其他动物的家园作为狼穴，也会搜刮狐狸储存的食物，偶尔也会吃掉熊的猎物。

稀奇的是，狼会以来驯鹿来清扫雪障。显然，苔原狼在冬天跟随驯鹿，不仅仅是为了猎食它们，而且因为驯鹿可以为狼开路，把雪踩实。没有这些道路，狼群就无法在北方森林的深雪中行走。它们还会对雪地里的驼鹿足迹加以利用。

狼似乎与其他可以称之为群居动物的关系很少，不过它显然喜欢渡鸦的陪伴。渡鸦的活动范围几乎和狼一样广阔，甚至包括苔原。它们通常跟着狼去捕猎，以狼杀死的残骸为食。在冬季，渡鸦可以从空中看到狼群的踪迹，于是它们会跟随狼群去寻找猎物的尸体。它们在邻近的树上栖息，在狼进餐时四下跳蹿，吃着沾了血液的雪，并在狼群吃饱后接近猎物尸体。但是，正如下面的事件所揭示的那样，这两种动物之间的渊源更加深厚。当游走的狼群停下来休息时，四五只一路跟随的渡鸦开始纠缠它们。正如麦奇在《狼》一书中所写：

渡鸦会停靠在狼的头部或尾部，狼则会躲开，然后朝着它们扑过去。

渡鸦引导狼群来到猎物面前，并享用狼捕杀的猎物。乌鸦追逐是一个游戏，乌鸦会纠缠打盹的狼，然后狼回来追赶它们，这似乎是一个非常有趣的游戏。

有时渡鸦追赶狼群，飞到它们的头顶上。有一次，渡鸦蹒跚地走到一只休息的狼身上，啄着它的尾巴，然后在狼猛击时跳到一边。当狼想要跟踪渡鸦进行报复时，渡鸦让狼走到距离30厘米以内才飞走。然后它落到两三米外，并再次玩起了恶作剧。

狼和乌鸦似乎已经适应了彼此的关系，其中一方的存在会给另外一方带来好处，并且双方都充分认识了对方的能力。这两个物种都极具社会性，因此它们必须具备形成社会依附所必需的心理机制。也许在某种程度上，每个物种的个体都会把其他成员纳入其社群，并和它们建立一定的联系。

狼和其他生物也有着类似的关系。有人听到潜鸟和大林鸮会响应狼的嚎叫，狼也会回应它们的叫声。

狼与熊的相遇几乎都不愉快。多数相遇的时候，狼需用力抓住熊的脚后跟，并猛冲到它的侧翼，从尸体或幼崽身边把它驱赶开去；而熊会在狼群中用力拍打，或试图用它的爪子捉住一只狼。最后，狼群能做的最多就是把熊赶走。

狼可能会杀死一只郊狼，偶尔也会在争夺食物时扼杀一只狐狸。狗若和狼相遇，任何事情都有可能发生，也许会快速死亡，也许会建立持久的关系。狼有时会捕食村庄附近的狗，仿佛将其当作驯养的存货。（今天在狗身上看到的拴狗皮带上的钢块是一种改良的版本，曾几何时，狗带着带刺的项圈，以防止狼群的攻击。）走散的狼和野狗有时可以繁殖，并建立起混合种群。人工饲养的一个常见做法是允许狼的幼崽与较老的狗建立联系。这种关系为人类提供了中介，和狼打起交道来更加容易。狼对和它们一起长大的狗会表现服从，无论狗的体型多小。我曾经看到一只驯服的成年狼在3.6千克重的小猎犬面前表现得非常顺从。正如我们后面即将提到的那样，野狗经常捕猎家禽，这引发了人类的大规模报复——对象却是狼。

如果考虑到后果，狼最重要的也是最危险的关系是和人类的关系。

人们普遍认为，在北美洲没有关于身强体健的狼杀过人类的书面记录。如此声称的人显然忽略了曾经被狼杀害的因纽特人和印第安人，而且一不小心就排除了携带狂犬病的狼——它们曾经多次袭击人类。

欧内斯特·汤普森·西顿（Ernest Thompson Seton）认为，在猎枪和毒药到来之前，狼群会袭击并猎杀人类，特别是在食物稀缺的冬季。美国本土的历史传说支持了他的这一想法。从所有传说的故事来判断，在19～20世纪大规模反掠夺者的运动之前，人类和狼之间的冲突更加频繁。在那样的情况下，是否会有更多的人受到狼的攻击，这仍是一个猜测。

当然，从进化的角度来说，狼和人类的发展经历了相似的进程，都是群居性猎人，并且要互相争夺猎物。毫无疑问，在史前时期，狼和人类曾经相遇，并导致死亡事件，不过那是相当遥远的事情了。

在俄罗斯和欧洲，关于狼捕食人类的报道要比北美更多，这倒有几分可信。我认为，在某些巧合的情况下，如极度饥饿的狼遇到了手无寸铁的人，狼没有理由不杀人。

在《错误的冒险》一书中，维嘉梅尔·斯蒂芬森（Vilhjalmer Stefansson）回顾他在1923—1936年间所能找到的关于狼杀害人类的报道。其中，来自高加索、近东、加拿大和阿拉斯加的报道都被证明要么是虚构的，要么是夸大其词。此外，斯蒂芬森无法找到任何一份关于狼群数量大于30只的实证。1945年的一份报道称，在此前的25年里，美国渔业与野生动物服务局所收到的关于狼的袭击事件都无法得到证实。

安大略省圣玛丽市《每日星报》的编辑、已故的詹姆斯·柯伦（James Curran）为那些能够提供狼袭击人类记录的人设立了100美元赏金，长期有效。多年以来，这笔奖金没有被人领走，最后随着他的去世而失效。应该指出的是，安大略省南部的狼比加拿大其他任何地方都多，而且，狼和人在阿冈昆省立公园地区相遇的可能性应该高于世界上任何其他地方。

加拿大博物学家C.H.D.克拉克负责向英国读者介绍"热沃当怪兽"的故事。1764年6月30日至1767年6月19日，在法国中南部的塞文山脉，人群中出现两只热沃当怪兽。它们至少杀死了64人，可能多达一百人，其中大多数受害者都是小孩。

这两只怪物被一连串猎人追捕，不过这些猎人都失手了，后来有一个六十多岁名叫安东尼·德·波特尼（Antoine de Bauterne）的绅士做到了。在1766年9月21日，这对嗜杀成性的热沃当怪兽中的雄性被杀掉了。它重达59千克，肩高81厘米，体长1.7米。对比欧洲狼的标本，它非常庞大。9个月后，那只略微小点的雌性怪兽也被杀掉了。

在1833年7月，一只患有狂犬病的白狼闯进了怀俄明州西部上绿河的两个营地中，并且袭击了许多人。被咬的有山中居民、商人和印第安人，其中13人去世了。在1926年，一只患有狂犬病的狼游荡到了马尼托巴省的丘吉尔市。当地媒体夸大其词，听起来像是狼的围攻。这只狼被车撞倒了，没有伤到一个人，但是在混乱之中有六条狗和一个人被枪击毙。

克拉克回顾了欧洲中部、亚洲中部（大部分故事起源于此）流传的关于狼猎杀人类的文献，得出的结论是：几乎所有关于狼袭击人类的报道都可以归类到患有狂犬病的狼，或是杂交物种。热沃当狼的体型如此庞大，而且毛色如此怪异，克拉克认为它们一定是狼和狗的杂交种。狼和狗的杂交种有时体型比双亲要大，而且更有可能会猎杀儿童和家禽，也没那么害怕人类。

在 1740—1773 年间，在热沃当怪兽出没的地区，约有 2000 只狼被当作热沃当怪兽而遭到误杀。

对于狼猎杀人类的说法，时下流行的做法是置之不理。但是，如果坚持说健康的狼从未猎杀人类，或者说狼像其他家禽一样，不会打人类的主意，在食物匮乏时期也不会试试看能否抓住人类，我认为这是愚不可及的。我确信它们有这种能力。问题是要正确地看待问题。在狼和手无寸铁的人类对峙中，没有发生事故的有几万次？事实上，这样的情况在如今已经相当罕见，不过狼吃人的故事依然出现在《纽约时报》中，报道称狼群在暴风雪中忽然出现在农民的村庄里，并寻找人类来当食物。

尽管狼很少以人为食，但是人类却无疑对狼进行过过度猎杀。因此，这一章恰好以讨论狼的行为和生态学结束，也会提到这种人类杀狼的嗜好如何影响了科学的进程。

已故的阿道夫·默里是严肃地进行狼群研究的第一人。1939 年春天，他在阿拉斯加开始工作，担任麦金利山国家公园的猎物生物学家。在那个空中观察和无线电遥测技术都不成熟的年代，这是一项壮举。在接下来的六个月，即 1939 年 9 月之前，默里走了 2700 多千米，查看狼的猎物的遗存，并在狼穴周边观察狼群的活动。次年他又返回，并在 1941 年的夏天完成了工作。其结果在 1944 年被美国政府印刷局发表，题目是《麦金利山的狼群》。这篇论文是经典之作。

默里在麦金利山国家公园工作的时候，外界有很多压力说要消灭这里的狼群，以保护猎物的种群。他提到了很多狼被杀害的事例，并谈到人类到狼穴搜捕狼崽的例子。他指出："当狼穴被发现时，狼崽被消灭，进一步观察的机会就错失了。"这一切就发生在一个应该保护野生动物的国家公园里。

三十年后，麦奇也在明尼苏达州的罗亚尔岛徒步了数百上千千米，也在恶劣的天气中花费大量时间坐在小型的观察飞机中，或坐在小货车后面，搜寻狼的无线电项圈发出的信号。他也遇到了相同的问题。那些带了无线电项圈的狼中有 17 只被人类猎杀了。在密歇根城北部，科学家做了一个实验，把狼放归到有足够野生猎物的地方，但是实验仓促收场，因为 4 只明确带着无线电项圈的狼都被杀害了。埃尔基·普利埃能（Erkki Pulliainen）1975 年在芬兰所做的研究也不了了之，因为最后一只狼也被猎杀了。1976 年在阿拉斯加州，猎人呼吁要削减狼群数量，在他们的压力下竟然催生了一项关于专门射杀带有无线电项圈的狼的研究。

神奇的是，在人类的憎恨、误解和侵扰氛围中，野生动物学家最后还是设法消除了人类的迷信，把狼带出了黑暗。

1966年，有一篇关于圈养在马里兰州的狼群的论文在一次会议中宣读，其中提到人类的起源可以通过研究狼群的社会结构来了解，其中的收获会比研究灵长类动物还要多。这个建议并不实用。现在我想说，此时此地，人类自身的残暴本性才是令人担忧的问题，而有史以来一直被谴责为野蛮的狼已经演变成了一种慈善的生物。

第二部分

一片云从头顶掠过

第四章
灰狼和圣肉

我忽然想起，在和狼打交道的早期，我并不相信科学。不是因为它是枯燥乏味的——尽管我认为这是针对野生生物学的一项合理的指控——而是因为它精密狭隘。对于狼的行为，我偶然得到一些解释，在我看来甚合情理，但是野生生物学完全将其拒之门外。有些观点是由观察圈养狼的人提出的，他们的解释引人入胜，合情合理，但是从对圈养动物的行为进行推断，到将野生动物的行为包含在内，这是很大的进步。

但是，显然有大量合理、中肯而被忽视的证据：那些在北极与狼共栖的人，那些在野外观察它们数年的人，对狼有什么看法呢？再者，还有一件要事：在北极捕猎和生存方面，半游牧的人类猎人基本上和狼面对着相同的问题。从他们的生活方式中，可以推断出狼的哪些行为呢？

北极猎人在狼的身上看到什么，我们在北极猎人身上看到狼的什么，要把这两个观点分离开来很困难，而且可能最终没有意义。

以下探讨的努那缪特因纽特人、拉布拉多城的纳斯卡皮印第安人，以及大平原北部、北太平洋沿海的部族，在某种程度上是不合时宜的。有的部族生活在我们这个时代，我们因而能够认识他们，但是就算这些部族也是不合时宜的；和他们的谈话中浮现的话题也是过时的观点。因为引导他们的视野和引导查理曼大帝一千年后的西方人的视野不同。你会注意到，他们所过的生活，狩猎时紧追不放等，的确处处体现了狼的行事风格。几千年来，因纽特人和狼在北极地区同样提高了效率。

我们这个时代的怪事之一就是，因纽特人对狼可谓知微见著，而野生生物学家仍然决意要去发现。正是这个事实让我深感不安，后来得知现代因纽特人眼中的狼详尽而完整，我就更加不安了。

假如你审视他们所说的话，假如你观察因纽特人狩猎，你就会发现狼的某些方面，但是你也会发现人的某些方面，发现他们是如何认识动物的。对一些人来说，狼只是一个需要量化的物件——它是历历可数的，能够被充分理解的。对另一些人来说，狼是可以和其他动物比较的相似物。归根结底，它是高深莫测的。这两种观点，一种自负，一种谦卑，为你提供了一种双方都看不见的动物。当你认真一想，这当真非同寻常：一只狼，既是实质，又是影子。

想要捕捉这种景象或许过甚其词，但是那就是我们的真实处境。

在 1970 年春天，一位年轻的野生生物学家罗伯特·史蒂芬森（Robert Stephenson）进入北极圈以北数百千米，来到布鲁克斯岭中部的一个阿纳克图武克因纽特人村庄。因为阿拉斯加州渔猎局的派遣，他到该地区研究狼的生态，探索狼的数量衰减的原因。他停留了大约三年，和努那缪特人一起研究狼。他学习了伊努皮亚屯语，吃因纽特人所吃的东西。当地人很喜欢他。

当史蒂芬森到阿纳克图武克时，他已经研究了北极狐，但是对狼知之甚少，所知仅是来自其他野生生物学家发表的文章。那时他没有想到，他们的大部分研究都是在南部所做，而且仅关于狼的一个亚种 —— 东部森林狼。还有，其研究仅是单一的、有限的地域：安大略省南部、邻近的明尼苏达州东北部和罗亚尔岛。

当史蒂芬森沿着努那缪特的苔原和山区行进时，他逐渐明白他所观察的狼和在文献中读到的狼不同。努那缪特人所告知他的关于狼的事情，是没有人，至少没有生物学家会这样写的 —— 不是因为那是怪异、单一或神秘的事，而是因为那是生物学家不感兴趣或者没见过的东西。

随着史蒂芬森和努那缪特人更加亲近，当他逐渐接纳了他们的时间感和空间感（在盛夏的烈日下，在丘陵平原上，当狼在开放苔原上 155～181 平方千米内嬉戏时，努那缪特人借助高性能望远镜，用几周时间来观看它们），他对动物的思考让他产生了不同的理解。后来，他对狼的研究反映了对狼的欣赏，是一种学术知识和原始感性之间的结合。通过和努那缪特人打交道，这种原始感性已经被唤醒、熏陶和塑成。他和猎人们一起来研究猎人，一种努那缪特人叫作“灰狼”的猎人。史蒂芬森搭建了一座桥梁。

狼只是做它该做的事，这点再怎么强调也不为过；而人类仅仅凭着兴趣选择狼做的那些（少数）事物来关注。生物学家会在母狼死尸的子宫上数出胎盘的疤痕，这绝不可能发生在一个因纽特人身上。一个寻找驯鹿的因纽特人，在几周内会在不同的地方蹲点，密切留意狼行动的方向，这在生物学家的报告中被当作是无关紧要的信息。认为狼的身上有一个可以预测的终极事实，一个可以用显微镜和无线电项圈揭露的事实，这个错误想法一如既往地出现，而且似乎只出现在受过教育的西方人身上。一些狼生物学家有把狼和“统计上显著的”数据捆绑起来的想法，他们希望每个关于狼的问题都有一个答案。

这是一条很难划出的界线。

研究狼的生物学家尝试去了解狼这种动物，努那缪特因纽特人真心为此感到高兴，因为他们也对狼很感兴趣。但是生物学家的方法有时高深莫测，且引人发笑。有人向一个努那缪特人展示了无线电项圈，略述了其电子原理。带着这种项圈的狼无论走到哪里，都能被人追踪——它无处可躲。因纽特人说：“这是一个非常有意思的设备。你应该那样做，那样的话你就能认知很多东西。”他尊重一个和自己不同的系统，但是他不认为生物学家对狼活动的认知会比因纽特人已知得更多。

人类学家尼古拉斯·古布泽（Nicholas Gubser）描写了这些特殊的因纽特人：“深思熟虑的努那缪特人没有去追寻一个原始的成因，一种全面的解释，一条自然终极命运的规则。”对努那缪特人来说，根本没有“狼的终极事实”，它只是宇宙的一员。有些事物显而易见，有的则诡秘莫测。狼的某些方面众所周知，而其他方面则鲜为人知，但是这没什么好焦思苦虑的。他们的定位甚合实际：一张狼皮物有其用（尤其是对“疯狂的游客”，即愿意为一张狼皮出资 450 美元的白人游客）；如果你观察野狼，有样学样，你就会成为一个更出色的猎人——不止在捕猎驯鹿方面，也在捕狼方面。努那缪特人非常了解野狼，他们拥有一种天人合一的幸福感。通过研究这种动物，他得以接近自身赖以生存的物理世界。他没有和其自然环境分离，因此和生物学家迥然相异。

从记事起，努那缪特人就一直在观察野狼。他们的知识确实有据，又随时调整。每年夏天，有几周时间，有一些努那缪特人在布鲁克斯岭的营地用观测镜来观看狼群，那里可将周边景色一览无余。一日，其中的一位长者贾斯特斯·麦奇亚纳（Justus Mekiana）看到一只狼整日跟随一只灰熊，保持大概 18 米的距离。他从观测镜移开视线，说："这是一件新鲜事，我以前从未见过这种情形。"有人说，狼群在筑巢期的两周，每日都会嚎叫。可是麦奇亚纳说，在四十年的观狼活动中，他从未见过这样的情况，不过他又说："我怀疑，这么多年过去，狼会不会改变了行为，比如，在某些方面和三十年前有所不同？"如果他的说法正确，那么其对野生动物学的暗示真是令人震惊。这意味着群居动物会进化，意味着你今日所学到的明天可能不再适用，也意味着在费心塑造一种普遍的、静态的动物时，你已经丢失了真实的、动态的动物。麦奇亚纳对正确答案进行推断，其本质是他愿意接受多种可能性。正是这样的一个人，他欣赏鲁道夫·申克尔的画作，虽然其中的英语说明他一个词也读不懂，他还是认出了每张作品中所画的行为。

努那缪特人的观察全面到位，这是由于对细节敏锐的观察，而且就像所有的口头文化一样，这也离不开时时温故而知新。比如说，在河岸上看到前方某个方向有几道狼迹，可能是气味标记，努那缪特人就会回想这方面的知识（以及关于狼、季节等的知识），回想他从别人那里听说的事情，然后对这些特定线索的意义做出据理推测——这可能是哪些狼，它们要去何处，为何，多久，等等。他的推测大体上是正确的。当然，因纽特人这种能力让西方人为之震惊。

史蒂芬森想起有一天早晨和一个努那缪特朋友鲍勃·阿古克（Bob Ahgook）一同外出去寻找狼窝，他们越过一个小山坡时，阿古克忽然停下脚步，指着苔藓和地衣上一条若有若无的约 2.5 厘米宽的痕迹。他耷拉着脑袋，找到光照较好的角度，专心凝视地衣，然后在上面找到一处小坑。

阿古克仔细察看头顶上方的斜坡，说："狼径。"忽然，一个在斜坡上方 46 米处小睡的白人女士站了起来，看着他们，然后转身，迅速爬上一片陡坡，消失得无影无踪。四下寂然，一只鸟儿落在狼径附近的一块岩石上，上下跳跃，不一会儿又飞走了。

"那儿有个狼窝，看到了吗？"阿古克说。

"看见什么？"史蒂芬森问。

"那只知更鸟停歇的地方，它啄起了一些狼毛，然后飞走了。那是一个睡觉的好去处，可能和狼窝靠得很近。"

根据史蒂芬森后来的回忆，尽管他当时看到了那只鸟儿，但是它速度太快，距离太远，没法看清那是一只知更鸟，更别说鸟喙叼住的狼毛了。当他们爬上了那片陡坡，证实那片地方的确是个睡觉的好去处。母狼的巢穴就在距此 30 米的地方。阿古克说，那只母狼离开时，他看到它流出乳汁，这意味着它即将临盆了。

史蒂芬森本人已经证实，野外生物学家错过所有这些线索的概率很高。他也许根本就看不到狼迹，也不会向上观察，从而推测出狼窝的存在。人类学家爱德华·T. 霍尔（Edward T. Hall）把这种感知差异归因于“文化模式的感知屏蔽”的差异。朱迪斯·柯菲德（Judith Kleinfeld）的研究已经表明因纽特人比大多数白人更擅长获取视觉细节。

还有另一点将努那缪特人和生物学家在野外区分开来，它不易察觉，却值得注意。当努那缪特猎人外出时，他把个人问题置于脑后，好像它们是一件外套，可以挂在衣钩上一样。他逐渐进入一个境界，对细节全神贯注，孜孜不倦：狼迹的深度、山谷狼径上野草的弯曲度、远处乌鸦的动作。反之，大部分生物学家的习惯做法是不但把心理暗示带到野外，而且在路上进行讨论。当因纽特人行动时，他们甚少说话，屏蔽问题，只是给出简短的回答。

当努那缪特人说话时，他会谈论规则之外的例外情况，谈论某事在某种特定情形下发生的概率。比起谈论总体的狼，他谈论得更多的是个体的狼，比如“住在查德勒湖附近的那只白狼”，或是“去年生崽的那只三脚母狼”。他认为——这对西方人来说相当陌生——尽管狼具备能力，但是它并非天生的猎人。它需要认真学习，努力工作，然后才能成为一个出色的猎人。

史蒂芬森注意到，努那缪特人关于狼的知识中最实用的就是：他们通过观察环境、毛发的颜色、解剖学和行为上的差异，就可以确定动物的性别和年龄。（有些差异在第一章中已经提到。）史蒂芬森也学到，黑狼比灰狼更加警觉；2～3岁的母狼是捕猎驯鹿的能手；仅从一处狼迹也许就可判断狼的毛色，分辨它是否暴怒。

这些东西需要很长的时间才能学会。

努那缪特人基于数千次的观察才得出这些结论，比如在远处推测动物的性别和年龄，他们依据的是很多细小而相关的细节。当一群狼在山坡上睡觉时，通常黑狼需要最长的时间才能安歇下来。也是黑狼在走过苔原时，动作和浅色狼略有不同。这是不易察觉的细节，但是随着时间的推移，一切似乎自然而然，努那缪特人开始将黑狼“比较警觉”奉为真理。和公狼相比，毛发光滑的母狼体型更像灰狗，因而在追逐驯鹿时，母狼速度更快，捕鹿更妥。至于要从狼迹判断狼的毛色，一处超过 14 厘米的狼迹最有可能是一只母黑狼留下的。一只暴怒的狼四肢肌肉紧张，因此在旱地上行走时，它的脚垫会摊开。

了解这些事情相当有意思，西方人对此尤其饶有兴致，因为据我们所知，他们有种整洁有序的情愫：他们墨守成规，抱令守律，就像指南手册所描述的那般。但是，当你和努那缪特人相处了一段时间，你就会发现让你沉醉其中的并非这些原封不动的资料。因纽特人所看到的狼是一种变化多端的生物，它在某个年龄，或在某个晴天，或在饿了的时候见机行事。一切都取决于很多其他的事物。他们所说的狼，可能是一只要养家糊口的狼，它比一只一岁龄、不用养家的狼狩猎时有更大的决心。也可能是一只在苔原上孤独的老狼，它来回奔跑将驯鹿抓住。也有可能是一只脾气暴躁的狼，它经常想要杀死在它的领地内游荡的狼。又或者是一只在上午摆弄红背田鼠、下午猎杀一只驼鹿的狼。

根据这些来审视一些（到目前为止）野生动物科学的基本准则，比如狼主要猎杀老弱病残，努那缪特人说，这很简单。温度和湿度影响狼和驯鹿的耐力，地形影响它们奔跑的能力。对驯鹿和驼鹿来说，靠近较深水域、开阔水面是必要的。假如没有水，就是最健壮的驯鹿也会沦为狼的猎物，因为没有驯鹿能撑得比狼更久。其他事情不可能去了解，努那缪特人说，但是长距离追赶的原因可能是因为有些狼喜欢跑得很卖力的猎物的口味。一个努那缪特人说，也许有时健壮的驯鹿会被捕猎，因为狼把驯鹿赶进了埋伏圈，健壮的驯鹿能够跑在前面。

狼的领地呢？努那缪特人说，这取决于驯鹿所来的地方、狼群的性格、当时的季节、是否有狼崽、是否是一个公狼群等。

当一个努那缪特猎人外出猎狼时（他的心里不会混淆尊敬和敬畏），他知道这种动物身上具有的所有这些特点。他通过观看天空中的乌鸦，就能找到狼的所在，因为乌鸦经常寻找狼的猎物，然后跟随着它们。当他找到狼群时，他躲在下风处，用一声号叫打破北极的宁静，声音传到1.6千米以外。（努那缪特人提醒道，你最好在无风凉爽的繁殖季节号叫。）他等待狼会否以狼嚎回应。假如狼要向你跑来，它立刻就会行动。它的方向感很好，就算在4.8～6.4千米外，也经常会走到步枪的射程之内。但是假如它听到步枪上膛的声音，它就会像雾一样神秘消失。

当努那缪特人在苔原上寻找狼窝时，他甚少注意附近一岁龄的狼所做的事情。他告诉你，一岁龄的狼经常到处闲逛，通过观察它们的行动来确定狼窝的位置是不可能的。但是年长的动物就会展示一种模式——容易被人忽视——能告诉你狼窝可能在哪的，大致是狼行动的方向和速度，以及六月里一天中的具体时间。这不易察觉，就像（在因纽特人看来）狼闻到驯鹿时抬头的特殊方式。

一种关联开始出现。

努那缪特人是半游牧的狩猎群体，就像我在这一部分将会谈到的大部分印第安人一样，他们过着和狼相似的生活方式。他们几乎吃着相同的食物——驯鹿、绵羊、驼鹿、浆果，蔬菜不多。艰难的环境要求他们要有耐力、警觉、合作、自信，可能还需要有幽默感，才能存活下来。他们经常以同样的方式猎杀驯鹿，预测驯鹿的行为模式，然后在可能的地点进行伏击。

在这片地区狩猎很艰难，因此因纽特人尊崇出色的猎人。在和他们相处的时候，史蒂芬森从未听过努那缪特人提到任何贬低或轻视狼的话。他们欣赏其狩猎的技能，因为他们知道捕猎多么艰难。在这些年的部族记忆中，甚少有关于饿死的狼的故事。相反，努那缪特人倒是有饥饿而死的。有些活到今天的人曾经靠吃碎肉干、驯鹿皮度过一个月或更长时间。努那缪特人钦佩狼，并仿效它的做法，除了不用捕猎的白人以外，这点对于其他人来说并不神秘，也不意外。在他们共栖的土地上，想要捕猎相同的鹿群，模仿狼的做法被证实是填饱肚子最靠得住的做法。

我想说，这两个猎人的世界之间有一种关联，对此读者应该敞开胸怀，谨慎批判。尽管这很有可能是事实，但是我不会试图去证明原始狩猎社会的社会和心理组织方式如同居住在同一环境中的狼一样。我要说的是：对于动物，我们知之甚少。我们对动物的了解，仅仅是依据我们自身的需求和经验。仅仅依据西方人的想象去接近动物，其实就是在否认动物。我们理应去和一个民族对话，一个与我们共栖在这个星球、同样对狼感兴趣的民族，但也是一个来自不同的时间、空间的民族，一个据我们所知，永远比我们更加靠近狼的民族。

这个关联意味着什么呢？如果你试图把狼看透的话，我想它可能意味着太多东西。

有一天晚上，我清楚地意识到它是一个单一的问题。

有人问一个努那缪特老人，纵观此生，一个老人和一只老狼，谁更加熟知阿纳克图武克附近的布鲁克岭的山脉和山丘？更加熟知去哪狩猎，何时狩猎，如何在暴风雨中存活下来，或者在驯鹿不来的年份里生存下来？沉思一会之后，老人说："一样熟知，他们所知道的东西一样多。"这番话对狼来说有特殊的意义。它出自一个老人之口，这个老人需要在北极的黑暗和雪盲中跋涉，他周围的世界完全没有一件事物是西方航海家可以依赖的。人类学家埃德蒙·卡彭特（Edmund Carpenter）描写了北极因纽特人，比如艾维利克人在一个没有地平线也没有物体可以参照的世界中，展示出非同寻常的认路能力。艾维利克人认知的是关联，是信息集成，包括脚下是哪种类型的雪，风的方向和（扫过衣角的）声音，空气中的任何气味，地貌的轮廓，动物的动作，等等。通过时刻处理这些信息，艾维利克人得知他在何处，该往哪走。根据推测，因纽特人说狼也有相似的做法。

詹姆斯·吉布森（James Gibson）在《视觉世界的感知》一书中写到13种不同的深度感知。我们大部分人没有意识到这些区别，因为我们不需要使用它们。而因纽特人需要，假如他没有注意到这些区别，他就无法找到回家的路。

吉布森和卡彭特都同意这种说法：没有借助地图而能读懂地形，并将其养成习惯的人，会拥有灵敏的眼睛，就像人们普遍认为蝙蝠有灵敏的耳朵一样。换句话说，和西方人相比，因纽特人察看事物的方式可能更加接近狼的方式。

如果你试图把狼看透，那么知道它们如何察看就至关重要。也许它们像因纽特人一样察看事物，因而我们可以将其和因纽特人相比。

回想对那个老人发问的问题，归根到底，是谁更加熟知地形——是老人，还是老狼？

灰狼很像努那缪特人。当天气不好时，它就不狩猎。它喜爱玩耍，为了养家糊口而努力工作。当它老了以后，毛发就开始变白。像努那缪特人一样，小狼在池塘的浅水处把鸭子吓跑。

灰狼能吃苦耐劳，它生活在摄氏零下五十度的地方，要经历暴风雨，有数月都见不到驯鹿。它就像努那缪特人，甚至比他们更加坚韧不屈。灰狼精明能干，它为了捕捉驯鹿而设下埋伏。当周边有人时，它就跑到山岭上睡觉。它把幼崽带到猎物跟前，但是不会让它们单独前去。小狼会干很多蠢事，比如惹恼灰熊，然后丧命。

狼有时也会杀害努那缪特人，而现在努那缪特人用一把步枪就可以在远处对狼下手，将狼枪杀。现在，灰狼不敢再去招惹努那缪特人。

时代改变了。

灰狼和努那缪特人喜欢驯鹿肉，知道到哪里去捕猎驯鹿。它知道哪里的地松鼠最好，哪里可以采摘覆盆子。它知道躲避蚊子的好去处，知道哪里有五月份最先绽放的鲁冰花，知道何处的大石头看起来像大灰熊，也知道哪里有八月里还在流淌的小溪……

停顿了一会儿之后，老人抬起头来，说："一样熟知。"

狼和原始猎人最紧密的联系，莫过于为了生存，两者都必须狩猎。在一片人类和狼都狩猎的地方，他们往往捕猎相同种类的猎物。鉴于相同的地形、天气和食物短缺的问题，以及他们捕猎相同的猎物，他们往往以相同的方式进行狩猎。两者之间的差异在于一个用两条腿走路，并且借用工具，比如子弹和弓箭来猎杀。

加拿大东北部有个半游牧游猎民族，即纳斯卡皮人，他们在一片荒凉的、贫瘠的土地上过着艰难的生活。几百年来，他们捕猎着狼群捕猎的同样的驯鹿群。现在我就来说说他们，以举例说明狼和人类猎人相似的深层方面。

以下是人类学家格奥尔·亨利克森（Georg Henriksen）对纳斯卡皮猎人的描述：

"猎人们穿着雪地靴，肩上扛着来复枪，拖着脚步快速离开营地。纳斯卡皮人步伐迅速而坚定，一小时接一小时地保持相同的速度。当人们在山上望见数千米外的驯鹿时，他们步伐轻快地出发，遇到深雪区则穿上雪地靴，来到坚硬、结冰的地面则把靴子挂在枪管上。他们一言不发，连走带跑，每个人都顾及风向、天气、地形特征，并将其和驯鹿的位置联系起来。忽然，一个人停下来，蹲伏着，和其他人低声细语。他这是看到鹿群了。这些人一言不发，分散到不同的方向。他们没有把策略说出口，但是每一个人都打定袭击鹿群的最好方式的主意。看到其他人选择了方向，他也相应地做出反应。"

靠近、观察、保存能量，然后攻击——没什么行为比这更像狼了。

据说，狼是深思熟虑的猎人，它从不在一片地区毫无目的地游荡，而是哪怕在看不到的情况下，它也能清醒地认识到猎物的方位。一位加拿大野生动物学家约翰·凯尔索尔（John Kelsall）曾经观察到狼群在跨地区的针叶树林带中抄捷径，提前两天去拦截驯鹿群，而且基本定位到其精确位置。

关于纳斯卡皮人，亨利克森还写道：

“纳斯卡皮人的猎场并不盛产驯鹿，他们不得不搜寻它，迁走营地，在一片广阔的地区内狩猎。在搜寻过程中，他们利用了对该地区的知识，和对动物、对他们在不同情形下的行为的经验。他们考虑了地形特征，比如山有多陡，是林地还是平地等。他们必须想到冰雪的情况，并将其和驯鹿的进食和迁徙模式联系起来。他们有一套关于狼和皮蝇等动物影响驯鹿行为的说法。比如，在一片狼和皮蝇很多的地方，就找不到驯鹿，他们将其解释为狼的出现。他们说，驯鹿可能逃到了林地中，那里的深雪可以将狼群隔开一段距离。他们利用这些知识，而非随意选择搜寻驯鹿的地方。”

猎杀一头驯鹿不需两个人，正如不需两头狼一般，但是纳斯卡皮人是社交猎人。就算独自狩猎，他们也是社交猎人，因为其猎肉总是集体分享的。纳斯卡皮人部族的社会结构正是源于对食物相互依赖的认可。老弱病残无法狩猎。纳斯卡皮人的社会系统给予成功猎人很高的声望——这是猎肉所换来的威望。每个人都能狩猎，凭借个人技能，带着单一的、最重要的目标：捕获食物。这种个人自我既是培育而成的，也是耳濡目染的。一个人的狩猎技能受到赞扬，他的食物分给众人，他的自豪感就加强了。

我想，一种类似的社会压力和相互依赖使得狼群聚在一起。狼中老少得以进食，这有赖于中年狼，它们都是优秀的猎人。在狼的聚集期，狩猎的狼自身也饥肠辘辘，在吃过猎物之后，它会从 1.6 千米外的地方回家，口里叼着一块腰腿肉。它被热情地包围起来，就像成功的纳斯卡皮猎人受到家人的热情欢迎一般。最重要的是，正是从这一点中，我们找到了主雄必备的基础条件：为了生存而练就超凡技能的成功猎人。狼群的生存有赖于斯。

现在我们开始探讨精神信仰方面。

纳斯皮卡人的狩猎行为的要点是准备称为莫考膳（Mokoshan）的仪式化餐食。纳斯皮卡人精心准备了驯鹿的肉和骨头，然后由猎人进食，这期间不能把一点肉末和一片骨头掉到地上。这一顿为纳斯皮卡猎人准备的餐食是为了让猎人讨好驯鹿的神灵，为了对食物表示敬意，也为了庆祝一种微妙的平衡，这使得他得以存活。猎人祷告说，在狩猎中捕获的一切肉食都会物尽其用。

西方人不难理解这种仪式的严肃性：（餐食中所代表的）猎人和猎物之间的关系体现在每个狩猎社会的基础之中。毫不夸张地说，这就是猎人生命之中最重要的事情。狩猎失败就无法进食，就会死去，就会完蛋，因此，为了狩猎准备的仪式认可了一项永恒的协议：只要猎人当之无愧，神灵世界的居民就会把猎物赠予猎人。狩猎本身只是这项协议的行为表现，子弹或弓箭发射出去也不过是猎人和猎物之间进行交流的一个象征。

这项协议源于神话，是人们和“动物之王”所签订的。在纳斯皮卡人的精神信仰中，动物之王是驯鹿的主人，因为驯鹿是纳斯皮卡人日常饮食的重要组成部分。动物之王是神话中兽群中的一只动物。它永远不老，且坚不可摧，是该物种的原型。正是它把猎物赠予猎人去捕杀，也是它在判定猎人能力不配时把猎物赶走。在每种狩猎文化的基本神话中都讲述了这是怎样发生的。

曾经，人们缺少食物，只有浆果、草根，没有肉类。一个巫师站了出来，说他会出去寻找食物，以使人们强壮。历经漫长而艰难的旅程后，他自己也濒临绝望了。

反刍食物。在合作狩猎的家庭中，猎人会把食物带给那些没有狩猎的，狼和人类均是如此。

这时，他忽然遇到了动物之王。动物之王挑战了他，让他展示自己的能力。他照做了，让一个被动物之王打死的人死而复生。动物之王对猎人的表现大加赞赏，说它会放出动物给猎人捕杀，但是有以下几个条件：猎人对待猎物必须带有敬意，保证它们的肉不能浪费，且对它们的灵魂不能加以侮辱，不能态度傲慢或加以嘲笑；另外，猎人必须定期举办仪式来纪念这项协议。假如猎人能做到这些，动物的灵魂就会安全地回归动物之王的身边，而它会赋予它们新的形体，并一次次地将它们送到大自然中，这样一来就会有取之不尽用之不竭的食物。

狩猎是神圣的。人们看待狩猎的视角不同于采集浆果。猎物是神圣的。狩猎民族的生活也是神圣的，因为它是从这种强大的、基本的盟约中诞生的。

海狼

曾经有一个男人在沙滩上发现了两只狼崽。他把它们带回家并抚养长大。有一天，他看到它们游到海洋中，杀死了一头鲸鱼。它们把鲸鱼带回岸边，让男人食用。每日如是。很快，沙滩上堆满了腐烂的鲸肉。当伟大的上帝看到了这一幕，他制造了一场风暴，并带来了一阵迷雾，于是狼就无法猎杀鲸鱼了。海面掀起滔天巨浪，狼甚至找不到回家的路。它们只得留在海上，最后就变成了海狼。它们是鲸鱼猎手。

——不列颠哥伦比亚省海达族人流传的一个故事

因此，猎杀动物需要很强的道德责任感。正如弗兰克·斯派克（Frank Speck）所写，在纳斯皮卡人的信仰中，“追捕动物失败、猎物在猎人的地方消失，还有饥荒、挨饿、虚弱、疾病和死亡，都可以归因于猎人忽视了对待动物的潜在原则，或是猎人对猎物的有意轻蔑。前者是无知，后者则是罪恶。这两个方面共同构成了纳斯皮卡人的教育”。

这里还需再提两个观点来补充我们对猎人和猎物的看法：一、吃了圣肉，你就会获得力量（而吃其他肉类则无法获得精神上和身体上的力量，几乎什么也得不到）；二、神灵屋是猎物神灵的居所，在饥荒时期有时你必须到那里祷告。

狩猎部族把肉类称为“药”。这个单词有两层意思，一层是肉类是神圣的，因为它来自一个神圣的仪式。另一层意思更加直观，比如，它揭示了某些美洲当地人不敢吃狼肉的原因。狩猎部族把蔬菜称为“药典”（pharmacopoeia）。在某种程度上，每个部族都尝试用香草等植物来治疗重疾和小病。直接服用食草动物的肉类所浓缩的植物精华，猎人可以同时间接获取植物的力量，得到治疗和缓和。大部分美洲当地居民避免食用狼肉，其中的一个原因就是狼是食肉动物，而非食草动物。狼肉也是肉，可以让人存活下来，但却是一种劣质的食物。比起吃狼肉更糟糕的是吃家养食草动物的肉，比如奶牛。牛群没有动物之王，因此猎杀它们是不神圣的，而且吃了它们的肉，你有可能会死去（当然，这在白人到来之后根本就不是一个问题）。

当一只神圣的动物被猎杀之后，它的灵魂就会回到神灵屋。对纳斯皮卡人来说，这件神灵屋就是驯鹿屋。驯鹿屋是一个真实存在的地方。它坐落在今天魁北克的昂加瓦湾以西的一条山脉中。那里的山是白色的，不是因为冰雪，而是因为地面上覆盖了数个世纪以来的驯鹿毛发。驯鹿每年都来到这里，又离开这里，穿过两座高山之间的一道峡谷。地上的驯鹿毛发约有 1 米来高，绵延几千米，周围脱落的鹿角层高达人的腰部。驯鹿迁徙的路线被磨得很深，当小鹿一起迁徙的时候，人们只能看到它们的头部。

动物之王和现存的驯鹿以及被杀驯鹿的灵魂一同住在驯鹿屋中。周边地区的动物非常凶猛，比其他地区的长得更大，纳斯皮卡人也十分惧怕它们。但是在饥荒时期，一个族群要么举行一个讨好仪式，要么就得派人走进这片可怕的土地，直接祈求动物之王释放猎物。

简单点说，对人类而言，那就是捕猎大型猎物所要做的。这和狼有什么关系呢？在狼群中，狩猎会被当作一种神圣的猎取吗？在狼遇到猎物的时候，会有神话协议得到认可吗？狼是否有驯鹿屋的概念，并在饥荒时期悲伤嚎叫？

我们对狼知之甚少。我们只能问这些问题，然后做些猜想。共同狩猎可能是狼集群的原因。“神圣”并非确切的用语，但是狩猎对狼而言可能另有我们无法理解的寓意。不过，当我们思考狼群在成功捕猎之后为什么会嚎叫时，我们似乎能够感知其寓意。我不知道狼是否有驯鹿屋的概念。不过它们的确会在痛苦的时候嚎叫。驯鹿屋的存在意味着节约的原则，而且总的来说，狼不会浪费食物。

我们无从获知。但是我不愿意让这个观点不经审视就通过。狼是猎手。它的世界有一定的秩序。狼或猎物对此是否有意识并不重要。经过对人类狩猎社会的粗略审查，猎人和猎物的关系是宇宙秩序的一部分。因此假设这些因素存在也合情合理，尽管它们没有意识，或者其意识与人类不同。

接下来，我们将会谈到狩猎，我会谈一谈狼和猎物进行目光交流的那一刻，这个时刻似乎具有决定性的意义。很多狩猎的狼会做出（在人类看来）无法解释的事情。它们开始追击动物，之后忽然径直走开了。它们观察驼鹿在一分钟内留下的足迹，闻了闻，然后继续前行，对驼鹿完全置之不理。它们走到驯鹿群周边，似乎只是为了彰显狩猎的意图。而且，猎物会发出信号回应。驼鹿会朝着狼小跑过来，然后狼就离开了。叉角羚撅起它白色的屁股，这是跟随的信号。一只受伤的奶牛会站立起来，让狼看到自己。猎物的行为也很奇怪。驯鹿很少用鹿角来对付狼。而且据我们所知，一直生病的驼鹿只要站在原地就能把狼赶跑，但是它还要故意吸引狼的注意，故意做出可能导致丧命的事情：奔跑。

我把这种接触称为“交流”，在这种交流中，动物会进行对视，然后做出决定，这就是死亡对话。这是在猎物的肉体和灵魂的尊重之间进行的一次仪式化的交流。就这样，不仅仅是掠食者，而是双方都能够选择是否让这次对峙演变成死亡。当中至少存在着一种神圣的秩序。当中有高尚。而且这个过程仅发生在狼和它的主要猎食物种之间。对狼来说，这个过程带来了圣肉。

想象有一头奶牛身处驼鹿或白尾鹿的境地。在家畜身上，死亡对话明显衰退，如强弩之末。它们已经丧失死亡对话的能力，它们不知道如何与狼对峙。比如，马高大如驼鹿，它具备一击碾碎狼的肋骨和裂开狼的脑袋的能力，但是它会恐慌奔逃。

当一只狼跑进羊群，在冲动之下猎杀二三十只羊时，与其说是一场大屠杀，不如说是羊失去了和狼对话的能力，它们无法表达抵抗、共同尊重和得体性等问题。狼发起了一场神圣的仪式，但是却得不到回应。

这让我们不得不思考另一个问题。我们面对着一种不同于人类认知的死亡观念。当狼“问取”另一种动物的生命时，它会对那种动物的回答做出反应。“我的生命非常强壮。它值得被夺取。”一只驼鹿可能因身体受限，不得不死，因为它年老了或受伤了，但是它终归可以自己选择。死亡并非悲剧，而是高尚。

我们再想想印第安人。当地美洲居民的文化总体上都强调死亡无错，每个人都必须努力争取善终，而且在不可避免时，要头脑清醒地选择死亡。在面对死亡的爪牙时，具有这种自我控制力的战士就能够获得最高荣誉。能够把死亡视为超越悲剧的事情，这点根植于对自我的不同认知：在世界上，一个人既是不可或缺的，也是可以牺牲的（以适当的方式）。在死亡对话中，努力争取死亡就是适当的。猎物说，我已经度过了充实的一生。我准备好拥抱死亡了。我愿意死亡，因为显然只要死了，羊群中的其他个体就得以存活。我准备好死去，因为我的腿摔断了，或是因为我的肺部被感染了，因此我的时间终结了。

死亡是经过双方同意的，这样产生的肉食是具有力量的，近乎神圣的。（这个用词相当精确。它听起来有点奇怪，是因为超乎正常语境。）

一想到这些，我就惊呆了，因为圈养的狼和野生的狼竟有如此大的区别。它们有不同的行为举止：野生的狼身上具有一种动态张力，而圈养的狼几乎一无所有。我认为最大的区别在于它们的食物。野生的狼依靠自己获取的肉类为生，而圈养的狼依靠商业化屠宰场的废料和工厂机械化生产的食物为生。动物园里的狼群日渐衰败。直到今天，纳斯皮卡人依旧相信，族群遭到毁灭，灵魂遭到撕裂，这主要和被迫食用家禽有关。

在狩猎文化中，野生肉类和驯养肉类有着天壤之别。就印第安人来说，这是生命的基本原则，白人无法察觉，而印第安人无从解释。我记得我第一次给一只圈养的狼喂食鸡肉的情景。我曾在明尼苏达州的一块空地上第一次见到狼的猎物，我捡起了驼鹿的头骨，放到了手中，至今我依然记得那种感受。

狼和猎物的行为是取决于共同理解，还是无意识地参与闹剧，也许我们永远都无从获知。当我们在拉科斯洞窟壁画中看到那些猎物绘画时，我们知道“狩猎不仅是杀戮”“死亡和生存同样神圣”

的信仰并不是忽然从天而降的。

说到这里，我们最好暂停一下，回顾一下。现代狩猎文化基于观察而让我们知道狼的很多事情，而通过审视现代文化和古老文化，我们就可以比较狼的行为，从而做出令人信服的推测。正如我在这一章开头所说，这两种观点可以并存。

第一种观点基本到此就结束了，我讲述了现代生物学对狼的了解，并补充了努那缪特猎人的观察，让人们对狼的了解更加充实。至于第二种观点，我想声明，对狩猎民族来说，狩猎是神圣的，它是社会组织的基石，对狼来说同样如此。人类允许自身在狩猎时出现身体上和精神上的变化，那么我们也不应害怕将其延伸到狼和其猎物的身上——不过我们通常如此，而且程度非常强烈。终究，难以理解的并非人类，而是宇宙。

从此往后，我会探讨两个问题。第一，我会提出另外一种类比——在生活的其他方面，因纽特人和印第安人也有相似之处。我希望当读者阅读到这里的时候，会像我一样为狼的可能性而惊叹。第二，我会营造一种对狼的好奇感——我们也许曾经拥有，但是终究失去了。这种好奇感，即我们并不知道所有的答案，但是我们从容不迫。关于狼的某些问题依旧悬而未决，而我对狼的欣赏来自探寻这些问题时所产生的认知。

第五章
心中的狼

我们可以尝试用更宏观的观点去看待动物，但是问题之一就是我们大部分人在概念上将自己和动物隔开。我们不把自己当作动物王国的一部分，印第安人则是如此。他们把自己当作（大多数部族名字的母语翻译为）人，而把动物当作狼、熊、老鼠等。从这一章开始，印第安人和狼的界限可能会模糊，不是因为印第安人无法理解其差异，而是因为他们专注其共性。他们倾向于把他们的生活方式和黄鼠狼、老鹰的生活方式做比照。他们会说："在……方面，我们就像狼。"他们不但拟人，而且认为万物有灵。极可能如此。我们没有在说"我们的狼"，我们在说"他们的狼"。在某种意义上，我们身处外国。

在努那缪特的老人看来，他所回答的那个问题是一个极其敏感的问题。狼在布鲁克斯山脉的猎鹿策略和努那缪特人相似。在同一片地理区域，狩猎技巧的相似性随处可见。在亚伯达省，狼和克里族印第安人把水牛诱骗到湖冰上，水牛失足摔倒，更加容易猎杀。

亚利桑那州普韦布洛的印第安人追逐鹿群，尽管要花上一天的时间，普韦布洛人一直追到鹿群精疲力尽。怀俄明州的狼和肖肖尼印第安人会平躺在大草原的草地上，并缓缓挥舞示意——一个挥动着尾巴，另一个挥动着一块皮毛——以吸引好奇而难以捕捉的羚羊，诱其走近，好加以捕猎。假如我们对北美的旧石器时代遗址，如福尔松史前文化遗址的推测正确的话，那么早期人类就是像狼一样去围攻、猎杀猛犸象，因为那时人类还没有弓箭之类的工具。他们必须靠得很近，然后用矛把猛犸象刺死。

但是，狼和人类在生活方式上的一致性，远不仅如此。狼吃草，可能是为了清除肠道寄生虫；印第安人采食野果也是出于同样的原因。两者都会维护和使用狩猎领域。两者在组织中属于典型的家族和群居动物。在某种程度上，两者都在特定地区猎杀某些类型的猎物。（如今，2～3 群狼在阿拉斯加州布鲁克斯山脉北坡一个叫奥科米拉加的地方猎杀绵羊。很多族群，其中包括彭卡族和苏族人，同样也会到南达科他州的鸟类繁殖领地去猎杀艾草榛鸡。）狼和印第安人都有手语。部族和狼群一样，在每年的特定时间会解散，然后为了高效狩猎又聚到一起。在物资稀少的时候，印第安猎人有优先进食权；狼也是如此。

非常有趣的是，明尼苏达州的白尾鹿会迁徙到战争部族的边境地区，因为这里最不可能出现猎人，白尾鹿可避开印第安猎人，从而获得安全。对于狼，鹿的做法如出一辙——出没在不同的狼群的领地边界，狼群最不可能在这里狩猎，白尾鹿比较安全。

但是，狼和印第安人最有趣的共性可能是对领地看法的一致性。

当印第安人离开自己的地区，进入另一个部族——比如说，一队年轻的阿西尼博因战士步行偷偷潜入格若斯维崔地区去偷盗马匹——他们像狼一样行进：结成小群；夜里和晨昏出行；利用地理优势在暗处观察；在陌生地区迅速出入。他们经常徒步出行，在人地生疏的环境中，他们必须藏形匿影。因此，巧妙逃脱是印第安人所培养和欣赏的品质，它既让他们受用，又让狼受用。在严寒的冬日，狼为了寻找食物、猎杀动物，会侵入邻近狼群的地区，并在没人发现之前回到窝里。

活动范围的定界和防御对印第安人来说是很重要的，就像对狼一般。防御通常是对总的食物资源，尤其是村庄邻近地区的防御。在特定情况下，入侵者会被杀害。假如一个平头族兵团在爱达荷州北部被一个定居的库特奈族兵团袭击，平头人可能会遭受猛烈的攻击，被围剿到仅剩一人。假如遭遇寒冬或暴雨，他们也许会相互示意，冷漠不战（狼可能不会这么做）。假如平头族兵团只剩一人，其人英勇善战，他就被认为有强大的巫术，就可能会被放走。入侵狼和定居狼的致命和非致命的相遇也具有惊人的相似性。比如说，1975年在明尼苏达州，一小群狼从一个更大群落的狼群领地穿过，忽然就遭受其袭击。小群狼中一只狼被杀害，两只逃跑了，而第四只是一只母狼，它和10～11只狼在河边僵持，直到它们全部散去，独留自己。

有些部族比另一些部族对于领地更加严谨，对于入侵者也更加好战，就像某些狼群一样。大部分印第安人的领地，就像狼那般，是不固定的，会随着兽群的迁徙、部族的大小、部族分支的发展和一年的不同时间而改变。对狼和印第安人来说，当身处主要猎物是驼鹿等不迁徙的动物的领地中，其边界比在主要猎物是驯鹿等迁徙动物的领地中要重要。在某些情况下，有些周边的狼群相互打架，之后便加入了领地，就像部族之间结成联盟一样 —— 比如，易洛魁的五个部族。波尼人和奥马哈人原先是世代仇敌，后来他们达成协议，可到彼此的领地中捕猎水牛。

印第安人将狩猎领地传给后代的做法更加阐明了领地空间、狩猎权利和入侵者这种有意思的一致性。家族的狩猎领地是最重要的 —— 当总是能在同一地方找到食物的时候。西北沿海食用鲑鱼的部族，以及东北林地中的阿尔冈纪吃鹿的部族都有家族、部族狩猎领地，传承了一代又一代人。特林吉特人是西北沿海的部族，该部族每个家庭都有自己的水域可供捕猎鱼类，也有一块陆地可供采摘浆果。在其领地内，除非主人邀请，否则没有人会去捕鱼或采集。在东部山地，尤其是明尼苏达州东北部，部族的领地由主要食源（白尾鹿）定界，其领地感至少和同一片地区齐佩瓦人的家族狩猎领地感一样强烈。

这引发了关于入侵行为的更加抽象的思考。有人猜测，大平原的印第安人会刻意杀害敌手。这并非事实。他们故意在危险的游戏中直面敌人。这种危险本身、死亡的威胁才是真正的兴奋点，而不是杀人；反复参加这种游戏被认为是一种证明骨气的方法。相似地，将两只对手狼的见面当作一种类似的致命游戏，这可能也是有意义的。同样有意思的是，一些猎物情愿和狼群进行一场只追不杀的游戏。比如，驯鹿和 1 岁的狼崽经常进行这种无伤大雅的追逐，以体会死亡的味道。营造氛围，追逐训练，这是狼和驯鹿之间的游戏。

北美的狼和新石器时代的狩猎先民是彼此相像的狩猎者，这并非有意模仿的结果。这是趋同进化，是肉食者生存的最成功的方法。同时，对狼的有意识的身份认同——尤其是在大平原的印第安人中——是一种对于狼的敏锐的洞察力、神秘的经历的有意的模仿。

美洲印第安人对狼的认知各不相同，主要取决于一个部族是不是农业民族。在狩猎部族中，狼的角色更加神话化、宗教化，因为狼本身就是一个出色的猎手，不是伟大的农民。在农业部族的神话中，狼暂时被保留下来，被视为一种强大的、神秘的动物，但是在拟人化的收获之神面前，其地位逐渐相形见绌。

在美洲原住民的宇宙学中，各个部族都同意以下说法：须从六个方向来理解宇宙——上空间、下空间，以及世界视域内的四个主要分区。在大平原上，通常熊代表西方，美洲狮代表北方，狼代表东方，而野猫代表南方。它们被认为是灵魂世界中拥有最强力量和最大影响力的生物。

但是，我们必须知道，印第安人并没有将动物分成三六九等。每一种生物，从麋鹿到草地鹨都因其典型的品质而备受尊重——当那些独有的品质被某个人所需要时，这个人就会接近该动物，将其当作其中的佼佼者。被指定最有宇宙影响力的动物——熊、狮、狼、猫和鹰——也没有被当作"最好"的动物。它们之所以被选中，是因为它们是出色的猎手。猫的来去无踪、狼的持久耐力、熊的强大力量、鹰的突出视力——这些都是人类猎人十分尊崇的品质。

在如今的内布拉斯加州和堪萨斯州的波尼人和其他大部分部族不同，他们将世界视域分出四个次要分区，指定狼代表东南方。在波尼人的宇宙学中，狼也是挂在天空中的一颗星星，和熊、两只猫一起，守卫着原始女性，即长庚星的出现。天狼星是红色的——几乎每个部族都将红色和狼联系起来（红色并不是象征血液，它仅仅是一种受人尊敬的颜色）。

最后，狼在四季中和夏天联系起来，在大平原的树木中和柳树联系起来，在伟大的自然力量中和云联系起来（其他自然力是风、雷、闪电）。

就像努那缪提人一样，大部分印第安人尊重狼作为猎手的卓尔不群，尤其是它总能捕获猎物的能力，它的持久耐力，它畅行无阻而悄无声息。他们被它的嚎叫打动，有时将其当作和灵魂世界的对话。在他们的很多传说中，狼作为真相的信使、风尘仆仆的行者，以及带人寻找灵魂世界的向导的角色而出现。比如，布林德·布尔（Blind Bull），一个夏安族巫师，在其1885年之前的有生之年，作为一个研究狼群的来去、倾听狼嚎的人而备受其族人的尊敬。至于狼群，它们将布林德·布尔的信息带到真实世界和灵魂世界的各个角落。狼作为神谕，作为通灵者，是相当古老的观点。

狼备受尊重也是因为尽管它是非常忠诚的家族动物，但也承担了为更大的群体（如狐狸、乌鸦等食腐动物）提供食物的角色。印第安部族深谙这点，因为在艰难时期，一个男人要承担养活家人和其他人的双重责任。一个名叫贝尔（Bear）的希达察男人认可狼的生活方式，会唱起巫术歌曲——狼的“邀请歌”，即用以召唤郊狼、狐狸和喜鹊前来分享猎物遗骸的狼嚎声。（贝拉库拉猎人对这种情形进行娴熟的模仿，他们唱歌以召唤狼前来分享他们的猎物——一头熊。他们会剥下熊的毛皮，但是认为熊不想被人类吃掉。）

一个人对自己和家庭的忠诚，以及他对更大的共同体的责任，两者之间的相互关系如何强调也不为过。这是原始的、高效的生存系统，使人类和狼殊途同归。

再看看印第安人的理解。

每一种动物——蚊子、麋鹿、老鼠——都属于各自的部族。每一种动物都有特殊力量，但是每一种动物在某些方面都要依赖其他动物。比如，当印第安人猎杀水牛时，他会呼唤喜鹊和其他动物前来食用。水牛的死尸滋养了青草；而青草饲养了麋鹿，并为老鼠提供了搭窝的草；老鼠继而在魔法方面指导了印第安人；然后印第安人唤醒魔法来猎杀水牛。

印第安人坚信所有动物相互依赖，并深知自己的生活方式与狼相似（自猎自给、养活家人、保护部族免受敌人攻击，就像狼保护狼窝不遭灰熊破坏一样），因此他们自然而然地将狼奉为行为典范——一个镜像。他坦诚地希望拥有狼的力量（“伟大的灵魂，请听我的呼唤！我希望能像狼一样”），并干脆利索地戴上狼皮来模仿它。他希望能够很好地融入环境，就像宇宙中狼的做法一般。想象他这么说：“请帮我适应世界，让我有利于世界，就像狼那样。”

为了适应宇宙，印第安人必须同时做两件事情：作为个体要强健有力，而为了部族的利益，要抑制个人感情。在很多美洲原住民的眼中，没有任何动物能在这一点上做得比狼更好。

狼为印第安人扮演了两个角色：它是一种强大的、神秘的动物，大多数部族都如此认为；并且它是巫术动物，被和某个特殊的个体、部族或宗族等同起来。在第一个角色上，它仅仅是一个有益物品，原因已经说过。它在某些人（加利福尼亚州的某些部族中没有狼的踪影，因此对狼鄙夷不屑）的眼中也许是微不足道的，而在某些人（夏安人、苏族人、波尼人）眼中是举足轻重的。

在部族的层面上，狼对人类富有吸引力，因为其生活方式能够壮大部族：它提供的食物可供全体，甚至老弱病残都能食用；它保障了狼崽的教育；它防御领地免受其他狼群的侵扰。在个人的层面上，对那些把狼视为巫术动物或个人图腾的人来说，他们能理解狼作为个体所突出的那些优秀品质，比如，它的持久耐力，它的追踪能力，它抵抗饥饿的能力。

每种认知相辅相成，相互补充——随着个体变得强大，部族也会壮大，反过来也一样——在猎人们看来，这让狼成为一种了不起的动物。白人倾向于把他们自己的个体动机和社会动机分离开来，这让他们对印第安人产生了误解。印第安人和环境无缝相融，他们的动机几乎是隐藏的；对白人来说，印第安人的生活方式就和狼的生活方式一样神秘。

这显然是一种复杂的想法，但是如此一想，印第安人对狼的痴迷就不再离奇古怪。年复一年，狼能同时做到这两件事：作为个体卓尔不群，堪称典范，还为部族贡献力量。在印第安人的故事中，没有落单的狼。

在美洲原住民中，和狼的联系、对狼的模仿是无所不在的。西北沿海部族的两大分支是狼族和乌鸦族。阿拉巴霍南部的三大分支之一是群狼族；喀多的十大团体之一，也有狼族。一个冬日远行的彻罗基人用草灰擦脚，并唱起狼歌，模仿狼的步伐，因为他认为狼脚不长冻疮，他希望自己的脚也不长。内兹佩尔塞战士佩戴一个刺穿鼻隔的狼牙。夏安巫师用狼的皮毛来包裹箭矢，以用其把羚羊赶入陷阱。阿里卡拉人挥舞用小毯子裹住的狼毛和牛毛。贝拉库拉的母亲将狼的胆汁涂画在孩子的背部，以期孩子长大后能完成宗教典仪，作为猎人不犯错误。一个经历难产的希达察女性可能会用狼皮帽摩擦肚皮，以召唤狼的家族力量。

我提到的部族中的相互依赖、个体巫师力量和对狼的模仿，在一个著名的故事中齐聚一堂，即普伦蒂·库普斯（Plenty Coops）在很多年前讲述的关于一个名叫伯德·什特（Bird Shirt）的克劳巫师的故事。

在和苏族人、夏安人以及蒙大拿州普莱尔溪附近的阿拉帕霍人的战斗中，一个名叫斯旺斯·黑德[①]的克劳人被一颗子弹直穿胸膛、撕裂肺部、打穿后背。他在马上苦苦支撑，马儿掉头将他带回了克劳村庄。当他抵达时，马背被他的血染红一片。

三个巫师，汉驰·图·戴、沃夫·梅德鑫和伯德·什特[②]相信他能被救活。伯德·什特让人在营地附近河边上搭建了一间灌木小屋，将斯旺斯·黑德抬到该处，要求所有人肃然无声。聚集观看的人们被挡回去了，小屋到河水间留出一条通道，任何犬类都不能接近。

伯德·什特拿起他的药袋，走进了小屋。他从药袋里拿出了狼

① Swan's Head 在英文中也有“天鹅头”之意。

② Hunts to Die 在英文中有“至死狩猎”之意，Wolf Medicine 有“狼的巫术”之意，Bird Shirt 有“鸟衫”之意。

皮，正如普伦蒂·库普斯所描述的：

“这是一张完整的填塞了头部的狼皮，狼腿到第一个关节被染成红色，鼻孔和眼下的带状也染成红色。我看着伯德·什特依样画葫芦将自己的皮肤也涂红了。他随着鼓点有规律地唱歌，同时将大腿到膝盖、手臂到肘部、鼻孔和眼下的带状都涂成红色。他用泥土涂抹自己的脑袋，直到看起来像是水牛 — 狼头，又用泥土捏成耳朵，我站得有点儿远，压根无法区分它是真假狼耳。他一直随着鼓点唱着巫歌，而人们全都屏气凝神。

忽然鼓点改变了节奏，变得更加柔和而急促。我听到伯德·什特像一只有狼崽的母狼一样呜呜哀鸣，看到他像狼一般，围绕斯旺斯·黑德的身体慢走了四次。每次他都会摇晃右手的拨浪鼓，每次都会将狼皮上的鼻子在水中沾湿，并洒在斯旺斯·黑德的身体上，同时一直不断地呜呜哀鸣，像一只母狼要让狼崽们做它想要它们做的事情。

当斯旺斯·黑德坐起来的时候，我正在一旁观看 —— 每一个靠得够近的人都在观看。我们看见伯德·什特像狼一样坐下，背对着斯旺斯·黑德，并且嚎叫四声，就像狼遇到困境、需要帮忙时的嚎叫。我看到斯旺斯·黑德的眼睛睁开了，他可以看见伯德·什特站在那儿，在他的头顶将狼皮举起四次，持续发出狼的哀鸣声。我自己也很受鼓舞，每次我都在斯旺斯·黑德身上看到了变化。伯德·什特第四次将狼皮举高时，斯旺斯·黑德可以站立起来了。他弯着腰，身体扭曲，但是他的眼睛十分明亮，而伯德·什特围着他缓慢走动，仍然在呜呜哀鸣，像一只母狼哄着狼崽跟着它走。

伯德·什特走出了小屋，斯旺斯·黑德跟着他后面，这时我几乎听不到鼓声，也听不到人们哼唱的声音。我觉得与斯旺斯·黑德感同身受，当他一次、两次、三次停下来，然后跟着伯德·什特，沿着通道，走到了河边。伯德·什特一直不停地发出母狼的哀鸣，直到他俩都踩入水中。

鼓声从未停止，歌者也未停下，他们的歌声随着鼓声而起伏。每个人都看着水中的那两人。

伯德·什特引着斯旺斯·黑德走进小溪，直到溪水淹没了他的伤口。然后伯德·什特将水洒在伤者的头部。他像母狼一样哀鸣，用狼皮的鼻子去嗅溪水，又将狼鼻在弹孔外上下移动，就像是一只狼在舔一处伤口。

'伸直你的身体'，他对斯旺斯·黑德如此说道，斯旺斯·黑德唯命是从，他就像一个沉睡的人舒展身体一样，而他的前胸后背的弹孔中滴落着黑色的血液。很快，红色的血液流出，将他们四周的水染成红色，直到斯旺斯·黑德将其止住。'现在开始呼吸'，伯德·什特说，之后斯旺斯·黑德顺从地照做，在流动的溪水中清洗脸庞和双手。然后他跟着伯德·什特来到木屋，两人一起抽起烟管。”

因此狼与人合二为一。

尽管狼备受尊崇，它也被人们利用。狼毛是制作派克大衣毛边的精良材料，狼皮是强效的药材，是贸易市场中的抢手货。狼有时会从印第安人的鱼栅栏里捕猎，或者食用他们储存的肉类，或者追赶他们的马匹。若非为了这些原因，印第安人甚少杀狼。

在捕兽夹发明之前，抓捕和猎杀狼群的常见方法就是深坑陷阱和倾塌陷阱。深坑陷阱即一个深坑，底部略宽，以防止狼从坑壁爬出，其上覆盖草木，并用肉类做饵。有些部族会在坑底布置尖桩，当狼掉进坑里就会被杀死。

在北方，土地难以挖坑，因此常见的是覆石、塌冰、落雪等倾塌陷阱。狼受到诱饵的吸引，会在一块平衡木上绊倒，然后被重物碾压或按压。

可套住动物颈部的皮鞭也被投入使用。有一些因纽特人将削尖的柳树枝，或者鲸须的绳圈，连接到冰冻的脂球上，然后将其放在野外引狼上钩。

还有两种小刀陷阱也被应用。一把狼刀有锋利的刀片，用脂肪裹着，然后在冰块中冻结。狼会舔食脂肪，直到舌头严重割伤，以致流血而死。另外一种小刀陷阱是一根扭转弹簧，被触发之后，会刺伤狼的头部。

但是，捕狼并非易事。

在彻罗基人中，有一个普遍的信念就是杀死一只狼必将引来其他狼的报复。很多部族认为杀狼会导致猎物消失。还有一个广为传播的信念认为杀死狼的兵器怎么用都不对劲，它要么得拿去送人，通常是送给孩子当礼物，让他长大后使用；要么就得找一个巫师来把它净化。如果一把杀过狼的枪伤了人，彻罗基人治疗枪伤的方法就是拧开木桶的钉子，放入用火施法的酸叶树枝条，将其放置在流动的溪水中直至次日清晨。

当大不列颠哥伦比亚沿海的夸扣特尔人杀死一只狼时，他们会将其尸体放置在一块毛毯上。他们切下小片狼肉，每个参与杀狼的人各吃四片，同时对死去的狼表示忏悔，并将其称为好友。尸体的残余部分用毛毯包裹起来，并慎重埋葬。

阿拉斯加南部的雅典娜印第安人杀狼之后，一边将其扛在肩膀上带回营地，一边吟唱：“这是我们的首领，它来了。”然后，他们把狼的尸体带到一间小屋，支撑它坐起来，之后由巫师在它面前摆放盛宴。村庄里家家户户都献出一些祭品，当他们认为狼已经吃够想吃的，男人就吃起剩下的东西，而女性禁止入内。

当因纽特人杀狼时，他们会将它带到村庄外缘，将其放置四天。杀狼的人会绕着自己的屋子走四圈，表达对杀狼的愧疚，并四天不和妻子同房。

杀狼意味着冒险，因此常见的做法是：一个需要狼皮的人雇用一个知道杀狼惩罚习俗的人代行其事。

狼和印第安人的狗

狼是部族、仪式和个人生活的重要部分，但是它被印第安人当作是另类，和人不同，和狗相异。印第安人来到美洲时，可能带来了3～4种犬类，他们用其进行杂交。狗的应用：狗毛用于编织，狗肉用以食用。它们会拉雪橇，能捆箩筐、捡柴火，还可以捕获猎物。它们不是宠物狗，任何偷潜入食物储藏室，或在帐篷下刨抓的讨厌鬼立刻就会被赶走。

让狗和狼进行杂交总会生下顽皮任性、极其危险的后代，因此印第安人甚少尝试。狗和狼杂交之后，连续几代都和狗交配，就会生出温和、顺从、聪明、坚毅的后代，但是很少印第安人对这种特殊品种感兴趣。更本质的是，在印第安人心中，狗和狼有如天壤之别，让两者杂交似有不妥。在努那缪提因纽特人看来，狼是有灵魂的，而雪橇犬则不然。在苏语中，狼被叫作 Shunkmanitu tanka，意为“看似犬类（但）有强大神灵的动物”。狼在很多宗教典仪中是不可或缺的一部分，而犬类则被从任何仪式木屋中驱赶出去。

有一个故事简明地总结了美洲原住民对狼和狗的看法。一个克劳女人外出采挖草根，恰遇一只狼路过。女人的狗跑到狼的跟前，说：“喂，你在这儿干什么？快走开。你来到这儿只是因为你想得到我所拥有的。”

“你拥有什么？”狼问道。“你的主人总是打你，孩子们将你踢开。如果你想偷一块肉，他们就会用棍棒敲打你的脑袋。”

“至少我可以偷肉！”狗答道，“而你没什么可以偷。”

“哼，我啥时想吃就吃，没人来烦我。”

“你吃的是什么？当人们屠杀水牛时，你偷偷摸摸靠近，吃剩下的残渣。你害怕靠近，坐在那里，腋窝发臭，整理尾巴上的泥球。”

“也不看看你是谁，脸上满是营地的垃圾。”

“哼！每当我走进营地，我的主人就会扔给我一些能吃的好东西。”

“当你的主人在夜里外出放松时，你一路跟随，吃着他丢掉的残渣，你能吃的就那么一点。”

“没关系，人们吃的都是最好的部位！”

“你竟然感到骄傲！”

“听着，每当他们在营地做饭时，你闻到了油脂味，你就会走进呼号，我真为你感到难过。我可怜你……”

“他们什么时候让你度过好时光？”狼问道。

“…… 我在温暖中入睡，而你要睡在雨中；他们给我抓耳朵，而你 ……”

就在那时，那个女人扛着一捆草根，用棍子敲打了狗背，然后往营地走回去。狗跟在她后面，它回过头朝着狼大喊：“你对美好生活充满羡慕，那就是你的不对了。”

狼从另一条路走了，它一点儿也不想过那样的生活。

杀狼者会对死去的狼说，他是被其他村子雇用的，因此狼进行报复时可能会选错地方。西伯利亚东北部的楚克其因纽特人通常对他们杀死的狼说自己是俄罗斯人，而非因纽特人。

狼皮通常是从狼身上剥下来的，而牙齿、爪子和内脏经常有装饰和宗教用途。狼皮被巫师用来进行像伯德·什特主持的治疗仪式；也用来包裹神圣的、有纪念意义的、用来制作“狼袋”的物品；在图腾信仰中，狼皮也用来代表狼的真身显现。比如，一个名叫“深夜猎杀”的克劳女巫就用狼皮来躲避对她和女儿普雷蒂·希尔德（Pretty Shield）穷追不舍的拉科塔兵团。深夜猎杀女巫用狼皮抚平马道的灰尘，之后把狼皮披在头顶，唱起了引导她们脱身的巫歌。拉科塔人对突如其来的雷暴雨感到困惑，失去了那个女巫的踪迹。

但是在大平原上，狼皮最广泛的用法是在侦察兵中，他们用它来进行模仿伪装。

斯基迪波尼人就是非同寻常的侦察兵。大平原上表示“波尼人”的手语和“狼”的手语完全相同：右手的食指和中指呈V，抬高到右耳附近，并向前一摆。假如该手势左右摇摆，就是“侦察”

的动词。他们穿着狼皮斗篷，是鼎鼎大名的狼的民族，因为狼在他们的开创神话中有着显要位置。没有像他们这样的民族。夏安人、科曼奇人和威奇托人把波尼人叫作狼，因为“他们像狼一样悄然来去…… 他们有着狼一般的持久耐力，能全日行进，彻夜跳舞，能够长途跋涉，仅靠沿途找到的动物尸体存活，有时甚至没有任何食物”。

在波尼人对狼的概念中，狼是在大平原上如液体般流动的动物：悄无声息、毫不费劲，但是心存他念。它对世界中的细微改变相当警觉。它看得很远——“两倍之远”，他们如此说。它听力敏感，当云从头顶飘过，它都能听见其音。当一个人进入敌人的领地时，他希望能像狼那样见微知著，希望自己就是狼。

波尼侦察兵变成了狼，这种感觉并非披上狼皮的必然结果。对侦察兵等人来说，狼皮是召唤狼的能量的一种配饰，一个外在的标志。西方人很难理解这点，也无法认真看待印第安人有时能变成狼、能真正参与动物灵魂的概念，但这就是实际发生的事情。这并非像狼一样，而是拥有狼的思维。

波尼、阿里卡拉和克劳的军队利用狼皮玩障眼法，其侦察兵超凡的追踪能力出神入化，而白人历史学家对此不屑一顾。实际上，这呈现出对环境的熟知，出入的悄然，因此人和其动物帮手的界限并非那么清晰。而白人在很大程度上害怕环境，与环境隔离。他们耗时费力，扰乱环境，声讨环境，试图忽视其中让他们困惑和害怕的东西。

波尼人在侦探敌人领地时穿戴斗篷之类的狼皮，平滑的狼皮从肩部悬垂下去，而狼头覆盖在人头上，狼的耳朵竖起来。（希达察的侦察兵垂直地切割狼皮，将其披在肩上，狼头悬在胸前。）一个名叫古斯特·黑德的苏族人每次对抗敌人时，都将狼皮紧系在腰部。夜里，他就会生一堆火，用香草来烟熏狼皮，以求与存在其中的狼的灵魂结盟，请求他的帮手，即身边的（真正的）狼让敌人暴露行踪。

按照惯常做法，回到营地的或相互打暗号的侦察兵会像狼一样嚎叫。

在继续深入探讨狼和士兵的关联之前，我想谈谈在几个部族中狼和日常琐事的关联，以引发对这些观点的反思。这些事例可谓数不胜数。

从俄勒冈州沿海的尼哈勒姆蒂拉穆克到内陆，以及拉布拉多城的纳斯克皮地区，狼被雕刻成孩子的木雕玩具，用来玩“抽狼签”的游戏。在这种游戏中，有几根短签，而狼签是最长的签。在大平原上，孩子们玩你追我赶的游戏，名叫“狼追游戏”，其中有只叫“它”的“兔子”。在北部，因纽特人制作一个抡甩系带就能发音的器物（人类学家称为牛吼器），他们把它叫作驱狼器。

苏族人把十二月的月亮叫作众狼齐聚之月。夏安人认为，黎明看见狼在睡觉，预示它将死去。克劳人讲述着一个这样的故事：刺尾松鸡的鸟喙是狼爪所造。在密苏里州一些地势较高的地区，生长着一种所谓的狼莓（西方雪果），它被用来制作一种溶液，治疗眼睛红肿。几个部族会将狼藓煮沸，生成一种黄色染料。

我们在很大程度上已经和野生动物失去了联系，并不顾一切要和它们划分界限，因此我们很容易忽视自然世界深深映射着人类世界这一观点的重要性。这种观点是全面综合的，它通常会带来一种彻底的平静，一种归属感。

这种需求，我认为，在人们说到“归于尘土”时，最渴望能够得到实现。

第六章 狼战士

印第安人把狼看作战士，其意义不同于他把自己看作战士，但是他敬佩狼的坚毅与坦然，并希望促进自己和他人身上的这些品质。因此，狼被融合到战争的仪式和象征之中。通常的做法是在小腿、脚踝或软皮鞋后系上一条狼尾，以象征战争的成就。在曼丹人中，这种做法被发挥得炉火纯青。假如在一次战斗中，一个从未突袭记功（赤手空拳或拿着棍棒打击敌人）的男人第一个突袭记功，那么他就有权在软皮鞋后系上一条狼尾；假如在其他人之前，他突袭记功两次，则系上两条狼尾；假如在这场战斗中，他在别人之后突袭记功，那么就要系上一条削去末端的狼尾。

阿西尼博因的战士戴着抹着红色颜料的白色狼皮帽去上战场。

夏安族的狼兵团是大草原狼军团中最著名的一个，它融合了最典型的狼的学识。

狼兵团在 19 世纪早期由夏安族北部一个叫奥尔·弗兰德（Owl

Friend）的人创建。当时夏安族北部和南部的军团逐渐会合。有一天早晨，奥尔·弗兰德独自出发，抵达南方军团。他穿着一袭红色长袍和鹿皮裹腿，上面满布豪猪的刚毛和珠饰，装扮十分考究。他希望天气晴朗，午后，一阵雷暴来临，很快下起雨夹雪，接着就是飞雪。到了黄昏，奥尔·弗兰德怀疑自己迷路了，同时也为毁坏的衣服感到心烦意乱。但是他想自己一定是接近夏安南部营地了，于是继续迎头而上。最终，在那天夜里，他来到溪边的一个圆锥形帐篷，他认为这就是夏安人的营地。他走上前去，跺足甩去脚上的雪花，之后有一个年轻人开门迎他进去。

山林小屋里有四五个人，他和他们就暴雪迷路的事情打趣。他的朋友们让他上床睡觉，并去加热食物，并把他的衣服烘干。

偶尔有人来到小屋，说："哦，我们的朋友在这里。幸运的是他进来了，要在暴雪中他只怕会冻僵了。"

奥尔·弗兰德在小屋里待了四天，等待风暴停止。他留意到许多非同寻常的事情，比如4根烟管，4支带杆和头皮的长矛，4架鼓，还有用鸟羽和鼬尾装饰的拨浪鼓。

第四日，那些年轻人让他仔细地观察小屋里的东西。除了那些已经看过的，奥尔·弗兰德还发现了两副鹰皮，两副水獭皮，两副草原狐皮，一副熊皮，和一副狼皮。狼皮上有切口，恰好套在头上，其后系有鹰的羽毛。

第四夜，那些年轻人开始摆放这些物品，在小屋内安排一个仪式。其中一个男人出去喊一个老人，让他召集狼兵团。

战士之歌

人们在旅行中所唱的歌曲——鼓舞的短歌，或情人之歌，或赞颂过往的歌曲——都被夏安人叫作狼行歌。这样的歌曲经常在战士的梦中出现。弗朗西丝·登斯莫尔在苏族人中收录了以下这首歌：

一只狼/我认为自己就是

但是猫头鹰在咆哮/这夜晚/我惧怕

在歌曲中，一个战士也有可能会在战后呼狼前来，吃掉敌人的肉体，或者通过把自己比作一只狼，来提醒年轻人他们将要面临的危险，比如下面这首：

日出而咆哮/准备撕碎这世界/我咆哮

日出而咆哮/脊柱在瑟瑟颤抖/我咆哮

日出而咆哮/察觉了尾随的人/我咆哮

日出而咆哮/眼睛长在脑袋后/我咆哮

另一个人男人走向奥尔·弗兰德，说："你看到我们装扮和准备东西了吗？这就是你将要做的。"

人们进来时，奥尔·弗兰德看到风暴依旧咆哮，积雪堆得很深。

一个名叫"长袍毛发凋零"的男人和其他三个人开始唱歌。他们把4支长矛立在地上，把4根烟管装上烟丝。4架鼓被香草烟熏，并且有一个人将其敲打4次。

他说："奥尔·弗兰德，仔细看着。你要模仿我们，记住这些歌曲。”

然后那个人朝天上看，并说“现在风暴将会停止”，然后就开始仪式。他们唱歌跳舞，通宵达旦。在唱歌之余，他们也会抽大烟，也有人出门查看天气。当他们回来时，就说：“晴空万里，群星闪耀。”

狼之歌

他们跳舞直到深夜。奥尔·弗兰德观看所做的一切。跳舞完毕，他们举行盛宴，将衣服放到一旁。他们对奥尔·弗兰德说“现在我们把一切都给了你”，并叮嘱他就寝。但是在睡前，他先走到室外，外面晴空朗朗，大雪已融。

次日清晨，太阳未升，奥尔·弗兰德惊奇地发现自己在大草原上。他被狼包围着，这些狼在昏暗的光线中嚎叫，他认出它们就是和他待在一起的年轻人。它们说：“这舞要跳四天四夜，跳完之后就把这药（凤仙花根）涂在身体上，你们将会成为狼兵团。”

说完这话狼就走了。奥尔·弗兰德回到自己的营地，按照梦境所示创立了狼兵团。

狼兵团是夏安族组建的七大军团中的最后一个。原版的故事包含了同伴情谊、精致的仪式和（对风暴的）权力的展示等常见的要素。这些狼兵团的任务是守卫营地免受袭击，在捕猎水牛时担任警卫，和朝着敌人的领地进军。

夏安人的狼兵团典仪通常在每年的暮春或初夏举行。这既是组织补充成员的仪式，也是年轻人加入组织的机会。成员穿着全套服装，就像奥尔·弗兰德在梦境中所见的一般。加入者紧紧裹着一块腰布，用赤色土或褪色柳花苞将手掌、小臂、脚掌、小腿和脸的下部都染成红色。

每年的典仪最后，一些年轻的狼兵选择去突袭，就像1819年夏天所发生的那般。30个狼兵北上到克劳地区，被一个强大的兵团全部杀死。这对狼兵团是一次重大的打击。次年，狼兵团被全部歼灭，其他的夏安军团——狗兵团、幼狐人、赤盾团——都举行“箭对克劳”的仪式，并且进行复仇。

1837年夏天，一群狼兵战士（此时的狼兵团已有骁勇善战之名）鞭打一个名叫怀特·桑德（White Thunder）的药师，直到他同意提前举行重新使用毒箭的仪式。他遵从了，告诉他们这样没用，但是他们丝毫不放在心上。42人前去俄克拉荷马州中部的瓦希塔河，袭击基奥瓦、阿巴契、科曼奇的营地，他们仅靠步行，没有遮蔽，在慌乱之中，暴露了自己，结果全体皆被歼灭了。

次年春天，一个后来被叫作叶楼·沃夫[①]的人重建了狼兵团，将其命名为“绞索汉子”，并开始为夏安复仇。他们和其他阿拉帕霍同盟袭击了俄克拉荷马州西北部狼溪的一个基奥瓦和阿巴契的营地，并遇到了夏安历史上最著名的敌人之一，即一个名叫斯里平·沃夫[②]的基奥瓦人。

夏安人越过狼溪，朝基奥瓦营地冲过去。斯里平·沃夫抓过一根棍棒，徒步进行了一次反攻，把夏安人的骑兵逼退了，但是也三次被对方的突袭打得屁滚尿流。斯里平·沃夫退回溪边，夺过了一匹马，再次对夏安人发动攻击。在继续战斗中，那匹马被敌军射杀，他只好再次步行，被围困在水中，三个敌军对他发动袭击。他从岸边险中逃生，又夺了一匹马，跑到中途，马被击毙，他的腿部也被一颗子弹击中。他又三次奋战，直到最后被杀死。

夏安人和阿拉帕霍人完全被这种骁勇善战震慑住了。他们中的很多人，包括九个曾经对抗斯里平·沃夫的人，都愿意用他的名字给自己的孩子起名。（此人也被称为叶楼·什特[③]，因为他那天恰好穿着鹿皮衬衫。直到今天，叶楼·沃夫都是夏安人的常用名。）

有几个以狼命名的夏安战士在战斗中表现出超凡的力量。其中一人是沃夫·贝利[④]，他参加了1868年9月17日在科罗拉多州东北部比彻岛的一次战役。53个士兵和民军埋伏在一条干涸的河床上，全体都配备了史宾赛连发猎枪和崭新的柯尔特左轮手枪。第一轮印

① Yellow Wolf 在英文中有“黄狼”之意。
② Sleeping Wolf 在英文中有“睡狼”之意。
③ Yellow Shirt 在英语中有“黄衫”之意。
④ Wolf Belly 也有“狼肚子”之意。

第安人的进攻被猛烈的火力粉碎了。由沃夫·贝利领导的第二次进攻也被阻挠了，但是沃夫·贝利本人越过了敌军的战壕，对着白人叫嚣，敌人气急败坏。白人认为他是精神错乱了，没有一颗子弹打中他。

（在这场古怪的战役之后，路易斯·卡彭特（Louis Carpenter）上尉在几周后进行巡逻，来到了比彻岛的九名战死的夏安人的葬架前。他命令手下将葬架拆毁，以便野狼食用那些尸体。当时白人有个普遍的信念，认为尸体陈放在葬架上是为了不让野狼吃掉它。相反，印第安人将尸体陈放，是出于尊重。他们认为，通过这种方式，历经风吹雨打，历经老鹰、郊狼和狼等食腐动物，粗野的肉体得以回归土地。）

在1865年怀俄明州波德河一战中，另一个夏安的萨满巫师沃夫·曼（Wolf Man）被两颗子弹击中，他仅是身体一摇，子弹就从他的胸膛落下。此后，他就被认为是刀枪不入的人。

狼人

狼去畅饮，克劳人

狼之衣袖，阿巴契人

狂狼，塞米诺与人

狼之小腿，黑脚人

狼之眼睛，希达察人

枕卧之狼，基奥瓦人

狼之项圈，帕卢斯人

高大的狼，拉科塔人

黄狼，内兹佩尔塞人

村旁等待的众狼，特林吉特人

绕着一人走的狼，特林吉特人

追狼者，克劳人

狼熊，克劳人

狼之孤儿，黑脚人

狼之长袍，阿科马人

独立之狼，基奥瓦人

狼之脸，阿巴契人

大平原战争末期，夏安人中最享有盛名的一个战士叫作利特尔·沃夫（Little Wolf）。在1878年9月，连同杜尔·奈夫（Dull Knife）在内，他领导了278名男女老少离开俄克拉荷马州的居住地，北上到蒙大拿南部黄石河的祖先的家园。他们的逃亡相当艰辛。利特尔·沃夫在一场又一场小战役中表现突出，但是最后迎来了悲剧收场，在寒冬中战斗，缺衣少食。几个苟延残喘的人，包括利特尔·沃夫，都是失魂落魄的人。

“沃夫”一名仍然是夏安人中常见的名字，如约翰·法埃尔·沃夫（John Fire Wolf）、沃夫·谢启尔（Wolf Satchel）、布林德·沃夫（Blind Wolf），至今依旧使用广泛。

目前为止，没有女性和狼相关的说辞，因为狼所发挥重要作用的领域，即巫术和战争中，很少出现女性的身影。女性和狼的关联更多的是假如家人要离开一阵子，那她便卷起水牛皮圆帐篷的边缘，将其家庭物品陈放在架子上，使其不被碰到，因此免受狼群破坏。比如说，一个夏安女性想要处理狼的毛皮，那么她必须接受一个净化的仪式，来保护自己免受触碰如此强大的动物的后果。顺理成章地，狼崽医学会的一个成员用红色的颜料为她涂抹：双手和双脚、胸前代表太阳的圆圈，和右肩胛的一轮新月，最后是脸部从鼻子中间到喉咙。垫着白色鼠尾草的狼皮也同样涂上颜料，不过是右肩的半月和后背的圆圈。

这个仪式可同时为许多女性举行。在狼皮上剪下一小撮毛发之后，女性围着营帐走圈——在东西南北四个方位停下咆哮——然后仪式的主持人用白鼠尾草为其拂尘，意味着洗去颜料，典仪结束。

女性在美国当地民俗和历史中频繁作为狼的妻子或帮助者现身。贝拉库拉的一位女性曾经帮助一只难产的狼，也帮助过一只被骨头噎到的狼，她是大不列颠哥伦比亚海岸线上一个有名的先知，其巫师能量是拜一只知恩图报的狼所赐。在所有这些故事中，最感人的是一个来自苏族人的与狼共栖的女人的故事。

这个女人的丈夫经常虐待她，于是在一个夜晚，她冒着暴风雨离家出走，决心再不回头。她行走了一整夜，正值雪花飘零，覆盖前路。雪停以后，她的足迹开始显露，因为不想被丈夫或亲戚找到，她爬上劲风扫去残雪的山脊，继续前行。她的心中燃烧着熊熊怒火。

从山脊下来后，她进入一个洞穴，稍作歇息。她紧裹着长袍，很快进入梦乡。一段时间后，她感到一阵轻微的动作。她睁开眼睛，看见一些漆黑的形体悬在上方。它们开始慢慢地扯开她的长袍，她现在认出来了，它们是狼！正当她在恐惧之中僵住难动时，那些狼蜷缩在她身旁，她能感受它们的温度。她缓慢地转过头去，直视其中的一只狼。它已经睡着了。

夜里，狼群外出狩猎，清晨为她带回了鹿肉。她饥肠辘辘，吃了生肉。夜里她跑到山脊上，观看着冬季的天空，感受着内心的痛苦和愤怒。狼群陪她坐着，什么也没说。当她最痛苦的时候，一只狼走过去，站在她身旁。

她和狼一同生活了很久，用它们为她带来的鹿皮制作衣服，分享着它们的食物，不过她后来会将肉在一个看不见明火的洞里煮熟。最后，她学会了狼语，能和它们交谈。它们告诉她曾经去过的地方。

一天下午，当它们都在阳光下熟睡时，她意识到是该离开的时候了。正当她有了这个想法，其中一只狼睁开眼睛，盯着她看。

与狼共栖女不想回到自己的村子里，尽管她现在是一个女巫医了。相反，她走到大草原上去生活。

一天，一些年轻的苏族人在赛马，忽然看到与狼共栖女奔跑在他们中间。她意外地卷入马群中，她知道若是逃跑，她必定会被套住。

跑了很长一段距离后，马群开始散漫，那些年轻人全神贯注追逐该女性。最终他们给她套上绳索，她无法动弹。他们认出她就是曾经逃跑的女人，并把她押回了村里。

与狼共栖女对她的族人态度冷漠。他们对她很亲切，尤其是她的亲戚。她没有看见丈夫，也没有人提起他。

最后，她回答他们的问题，说起她曾经和狼一起度过的日子。一个名叫怀特·布尔（White Bull）的男人藐视她，并想测试她的能量。他是一个强大但不牢靠的巫师，经常让人不舒服。怀特·布尔让与狼共栖女站在远处，他们将朝对方“射击”，看看谁的能力更强大。怀特·布尔先来，他射出大黄蜂和水牛毛发的卷球。与狼共栖女没有退缩，最后他射出了一只“麋鹿头部产生的小虫子”，那女人蹒跚不稳，但是没有倒下。

接着就轮到与狼共栖女了。她射出了带着蚱蜢的白公牛，一切就结束了。

她的族人信任她，为她取了狼的名字。

在神话和传说中，狼并不总是善心的形象，严格来说也并非战士欣赏的模范。印第安人理解它们——是在一个更广泛的背景下。毕竟，狼就像灰熊，能够置人于死地。对狼最恐惧的人是山林中的印第安人，他们经常突如其来地与狼相遇，且常常见到它们近在咫尺。有的人经常在户外看见它们，比如说在苔原上，他们可以轻易推测狼的动机，因此对其也没那么恐惧。即便如此，他们也保持着距离。在很多部族的精神世界中，阴间是狼所居住的地方，在这种情境中，狼是敌人。加拿大因纽特人信奉一个伟大的女海神努利亚鲁克，她的海底王宫就是由狼看护的。此外在无数的神话中，狼居住在纳斯卡皮人的桦皮棚屋中，它们攻击那些胆敢靠近的冒险猎人。

狂犬病是人真正惧怕狼的理由，因为曾经发生过几起更加吓人的死亡事件。一个黑脚人被一只感染狂犬病的狼咬到，他被用绳索束缚，用绿水牛皮卷起来。火堆围着他升起来，他遭受强热，直到牛皮开始燃烧。男人大汗淋漓，人们以为他的狂犬病就被治愈了。

另外有的部族，尤其是纳瓦霍人，担心狼是戴着狼皮的人类巫师。在纳瓦霍语中，狼的单词 mai-cob 就是巫师的同义词。在纳瓦霍人中有很多巫术，狼人信仰为（对他们来说）无法理解的现象提供了解释。比起那些生活在狼周边的人，巫术和狼人（观念很流行）更多存在纳瓦霍人的脑袋中，尤其是那些没安全感的人，那些噩梦缠身、缠绵病榻或者多灾多难的人。这样的人可能被纳瓦霍人视为是招惹狼人的结果。

一个纳瓦霍巫师穿上了狼皮，就变成了一个狼人。如果他想要杀害某人，他就在夜里走到这个人的家，爬上屋顶，在烟囱里投掷东西，使其产生火花，显露人们沉睡之处。然后他就用木棍一端涂点毒药，将其推到受害人跟前，受害人吸入受害（夜里屋顶掉落的灰尘就是狼人所在的标志）。

除了杀人，纳瓦霍狼人还会突袭墓地，毁坏尸体。狼人将男人尸体的手指割下，或者将女人尸体的舌头割下（分别类似阴茎和阴蒂），并将其放在一个活人附近，这样就确保鬼魂会向这个人报复，因为鬼魂会猜想是这个活人偷盗了这些东西。

当代的纳瓦霍人对死尸和墓地更加谨慎，而且由于害怕报复，他们不愿去揭露有嫌疑的狼人的身份。如果一个人被杀害，他们觉得由三四个人来共同承担这项任务才比较明智。大部分有嫌疑的狼人都是人类，且相当具有攻击性。

今天，纳瓦霍人为了保护自己免受巫术所害，甚至会把胆汁洒在房子周围，甚至沾在身上。

无论是谁，无论何时，狼靠近人总会让人感到些许紧张。狼在印第安人的营帐中所做的很多事情都会引起惊悚的紧张感，其一就是夜里游荡在马群中，如同鬼影一般飘来浮去，在马群中躺下休息，或撕咬一根拴马索。然后，它们又继续行走，就算十分敏感的马匹也很少被其惊扰。

有时人们会把狼崽带到营地中——有几个部族为了毛皮而养狼——但是最终都无以为继。营地里的狗会猎杀它们，或者它们逃跑了，又或者一个紧张的邻居松开了它们的绳索，或者将其拐跑。如果你想要和狼崽玩耍，你最好去找个狼窝。它的父母通常都会避开，而你就可以把狼崽挖出来。当克里族的年轻人这么做的时候，他们有时会把狼崽的鼻子、四肢的下端染成红色，然后再将其放回。在他们童年的游戏中，狼崽就是狼兵，就像他们一样。

不时有人会带一只狼崽回家，之后事情就完全不同了。曾经有一只这样的狼来到了黑脚人中间。

一年春天，在一场狂风暴雨后，两个黑脚人雷德·伊戈尔（Red Eagel）和倪泰纳（Nitaina）在蒙大拿州的牛奶河附近狩猎。河水高涨，他们看见了两只狼在河间的一个小岛上焦急地来回踱步。“那儿一定有个狼窝，”倪泰纳说，“我们去看看有没有狼崽吧。”

他们历尽艰辛，才让马蹚过了水中烂泥，来到岛上。大狼对他们的靠近报以吠叫和咆哮，然后就离开了，远远游到了岸边。那儿的确有一个狼窝，6只溺毙的狼崽漂浮在入口处，还有一只安静地痛苦地坐着。

倪泰纳弯下腰来，抱起狼崽，说：“我会带它回去。”

营地中人说养狼崽并没什么好处，但是倪泰纳坚持要养。那只狼就待在倪泰纳的小屋附近，害怕营地的狗，也不想和人们打交道。不管倪泰纳去哪儿，那只狼都跟着，学习他的习惯。当倪泰纳赛马时，它也赛马。当倪泰纳枪击一只鹿而鹿没有倒下时，它就将其扑倒。

在那只狼10个月大时，它和营地的狗干了一架。它让其中几只狗负伤累累，人们开始抱怨身边有这么一只狼。倪泰纳不予理睬。当那只狼欢迎倪泰纳时，它把爪子搭到他的肩膀上，亲吻他的头部。男人给它起名笑嘻嘻（Laugher）。

后来一个春天，春草没马蹄的时候，一些男人决定要骑马突袭夏安人。倪泰纳想要带上笑嘻嘻，但是领导拒绝了，这是领导的权力。很多人感到笑嘻嘻是一只怪异的狼，带着它会有霉运相随。

因此倪泰纳、雷德·伊戈尔和笑嘻嘻独自成行，向西南出发，途径克劳地区去偷盗苏族人的马匹。

这是雷德·伊戈尔首次真正和笑嘻嘻相处，他十分喜爱这只动物。有一天，笑嘻嘻独自猎杀了一头羚羊，它兴奋地在羚羊尸体和倪泰纳之间奔跑，来回三四次，催促着倪泰纳来看它的杰作。真是太厉害了！这就意味着他们不用开枪都有得吃，那就不用暴露自己的行踪了。

数日来，他们继续向前，晓宿夜行，徒步而进，分享着羚羊肉，直到来到熊掌地区的西侧。然后他们开始在日间爬山，越过米德尔克里克，来到小落基山。一日下午，当他们来到一个光秃秃的石山上，笑嘻嘻忽然阻止他们前进。它用鼻子在石块上闻一闻，忽然脖子上的毛发都竖了起来。

倪泰纳说："这里曾来过一个战团，或者野熊。"

两个人没有找到任何线索，于是催促笑嘻嘻继续前行。笑嘻嘻走得很慢，竖起耳朵探听，时而回头看那些在后下方悄然跟踪的人。当他们到达山顶时，两个人缓缓抬起头来朝着边缘探看，一时间什么也没有看到。然后，他们看到不远处一股烟火从茂密的山林中缓缓上升。笑嘻嘻走到山脊上，开始咆哮。"别叫！别叫！"倪泰纳小声地说。但是笑嘻嘻继续呼号，他们两人受其指引，离开暗处，四处观看。是克劳人，他们盯着笑嘻嘻看了一会儿，然后回到了树丛中。

雷德·伊戈尔和倪泰纳滑到斜坡下，奋力奔跑，一直跑到石山脚下的一片杨树林中。他们原本打算直接从石山的前面走下去，假如笑嘻嘻没有发现克劳人的话，那就会要了他们的命。

当天晚上，克劳战团的两个男人作为哨兵坐在山头上，那里正是倪泰纳、雷德·伊戈尔和笑嘻嘻所在的地方。清晨，大约有另外20人加入了那两人，然后他们一起离开了。

之后一周，雷德·伊戈尔和倪泰纳来到了利特河边的一片苏族人的营地。苏族人为了预防突袭，夜里都将马匹拴在木屋附近，不过白天就会将其放出。那两个黑脚人等候良机，在一天上午夺过两匹骏马，用缰绳套住其嚼子，又把三四十匹马赶到一起，朝着家乡狂奔而去。苏族人立刻追击，但是雷德·伊戈尔和倪泰纳从一匹马跳到另一匹马的马背上，稳坐神坐骑，一路遥领先。他们日夜兼程，至次日未停，将马匹赶到很远的地方。笑嘻嘻是得力助手，它追着马跑，不让其掉队。最后，在日落时分，他们略作休息。

他们一路前行，只略作停歇，两日后就来到了牛奶河的河口。两天后，后面已经看不到苏族人，他们感到安全了，就好好睡了一觉。

雷德·伊戈尔先行把风，可他忍不住睡着了。当醒来时，他顿时一惊。倪泰纳大喊："快上马！上马！看来了什么！"

一个步行的战团从不远处的树林中走出，并开始开枪。这两个黑脚人在慌忙之中跳上马背，骑马而逃，而笑嘻嘻赶着马群，在后面追赶。一匹马被射杀。他们连续骑行两天，直到将马赶过牛奶河，北上进入自己的营地。

笑嘻嘻再次救了他们的命，是它看到了躲藏在树林里的战团，并及时叫醒了倪泰纳。

听到所发生的事情后，营地里的黑脚人开始对笑嘻嘻有不同的态度，不过它依旧疏远人们。在一次作法屋仪式中，人们讲述他们记功突袭的日子，倪泰纳站起来讲了笑嘻嘻的故事，那些人为此感到高兴，吹响了战争的号角，又擂响了战鼓。

一些长者让雷德·伊戈尔和倪泰纳把笑嘻嘻带上，和他们一起去追逐马匹，但是他们拒绝了。这两个人更愿意自己去。那年夏天，他们又去偷盗夏安人的马匹。在笑嘻嘻的帮助下，他们得到了12匹杂色骏马。

那年冬天，笑嘻嘻开始一次失踪好几日。最后，它走了三四周，回来时并非独自一个。它站在村子附近的山上，似乎在催促另一只狼和它一起进村。那只狼不愿来，笑嘻嘻便独自来到倪泰纳的木屋，但是没有久待。他似乎很不安，一直站在门口，最后看了倪泰纳一眼，就离开了。

倪泰纳约有一年没有见到它。之后，它和第三只狼一起穿越了白菖蒲山的山谷。其中两只看到倪泰纳靠近，就仓皇逃走。笑嘻嘻站着看了他几分钟，然后也小跑离开了。

次年春天，雷德·伊戈尔提议说再去寻找别的狼崽，也许他们幸运的话能找到一只笑嘻嘻那样的狼。但是倪泰纳拒绝了。

让一个民族长期以来团结在一起的信仰，是美洲原住民灵魂中感受最深的情绪之一。生命的信仰、部族身份和团结的信仰、个体在部族中的位置的信仰，每年都以大大小小的方式更新着。狼在这里也占有一席之地，在普韦布洛人的一些蒙面典仪中，比如大平原上的霍皮蛇舞，以及拜日舞等典仪中。本章最后，我想介绍两个这样的典仪，一个来自努特卡人，另一个来自波尼人。

在太平洋西北沿海地区，努特卡人、夸扣特尔人和奎鲁特人的狼典仪是这片地区最主要的面具仪式。这个仪式通常在初冬满月之前举行，由村里一个德高望重的人主持，以欢迎年轻人正式加入部族。在该典仪中，部族入会对一个人的部族身份认同极为重要，因此在参加其他活动之前，一个人必须先参加这个典仪。同时，这个典仪也重建了曾经参加该典仪的入会者的部族身份认同感。

尽管这个典仪和其他部族有些许不同——有的部族持续5天，有的则持续9天——但是它们都是源自同一个神话故事，而且本质上是以相同的方式举行。

这种入会典仪（和旋转狼舞、爬行狼屋等治疗典仪和成人典仪不同）的神话基础就是一群狼偷走了一个年轻人。群狼想要杀害他而不得，因此成为他的朋友。它们向他介绍自己，然后把他送回村庄，好让他将狼典仪教给其部族。这个年轻人告诉其族人，这个典仪有利于壮大部族、赢得战争。他们必须像狼一样，像丛林中最出色的猎手一样，凶猛、勇敢、坚决。在这个意识中，人们被狼“偷走”，经历一场可怕的对峙，最后变得如狼一般。

与努特卡人不同，在马卡人中，这个仪式以部族中长者的傍晚集合开始，他们穿着雪松和铁杉的枝条，吹响了一只用骨头所做的狼哨。他们安静地到年轻入会者的家里接人，然后将其带到克鲁克瓦尔仪式举行的屋子里。

日暮之际，人们开始聚会，队伍蜿蜒而至。

屋内，随着鼓点和鸟鸣，每个部族成员都围着中间的典仪篝火唱起各自的巫术歌曲。这夜以巫术歌曲开始，逐渐推进，直到有人头往后仰，木屋里响起了第一声狼嚎。很快，每个人都开始嚎叫，然后就可听到从木屋外面的树林里传来真正的狼嚎，嚎叫声越来越响亮。屋外，人狼朝着墙砸下去，孩子们都吓坏了。有些与会者已经戴上了狼的面具，并开始吓唬人。他们被用雪松树皮绳索捆住，直到夜晚歌曲逐渐消失，“狼”的砸墙声才安静下来。

第三天，仪式以割破入会者的手臂开始。在马卡人中，这可能就是扮演他们文化中信仰的英雄哈萨斯（Ha-sass）所遭受的一道创伤。（哈萨斯想要学习狼的方式，但是害怕它们闻到了他的血液，会知道他是人类。他叫兄弟用贝壳刀将他割伤，直到血液滴尽，他才去到狼所居住的洞穴。）

割伤以后，入会者出门，首次加入了游村的队伍，而他们的伤口还在滴血。午后，他们或者回到自己家里，或者回到仪式屋里休息，等待夜晚的表演。

天黑以后，部族成员再次集队，蜿蜒走过所有的房子，来到仪式屋。此时出现了更多的面具，包括浣熊面具和蜜蜂面具。人们唱起了巫歌，擂响了鼓声，学起了狼嚎，并开始跳舞。戴着狼面具的人们变得越来越愤怒，并且想要把篝火扑灭。"狼"被树皮绳索拴住，陷入狂怒，张牙舞爪；而很多入会者都被嚎叫和狼舞吓到，开始自己跳舞，以示愿意与其精神相连。"狼"的狂怒逐渐增强，最终踩灭了所有的篝火。

一阵黑暗之后，（象征温暖和光明，但带有精神涵义的）篝火再次被点燃，人们开始饮宴。

第四天的庆典标志着高潮，这时所有的部族成员都戴上了反映个人身份的面具——鹿、啄木鸟、老鹰，穿上自己的服装，游行到木屋参加更大的仪式。屋内等待的是没有戴面具的部族成员，他们在既定的时间摘下每个人的面具，象征着引导他回归人形。摘下狼面具的人，他的狼之狂怒就会平复下来。在这突然的宁静中，他们获得重生；他们行动的力量表明他们已经将狼的力量融于体内。

到了这时，年轻的入会者已经决定哪种动物将会是他的个人动物，并将面具塑造成喜欢的样子。这夜以停止斋戒、大肆饮宴而结束。第五天早晨，他们将会去沙滩，首次戴着面具跳舞。

在一些典仪中，孩子被戴着狼面具的部族成员偷走，在几天之后还回来，然后由部族成员救活。在西北沿海和北方的另外一些更加怪异的典仪中，狼的精神是以食人精神代替的。马卡人的狼典仪则代表了中间立场。

不管狼典仪如何举行，就人们认为狼所拥有的那些战士品格来看，典仪代表了个人和部族的新生，这对个人和部族皆大有裨益。

部族和狼身份认同的另一方面可在波尼人中见到，他们的气候更新典仪在春天举行。它被叫作被俘女孩祭礼或启明星献祭。在波尼人的宇宙起源说中，启明星和长庚星爆发战争，启明星赢得胜利。两者合并之后，第一个人出生了，是个女孩。有时启明星托梦给波尼战士，诉说它想要一个女孩，作为它曾在地球上安放的女孩的回报。

这个典仪纷繁复杂，但是其关注点是死亡和重生。因为狼是经历死亡的第一种动物（与波尼的创世神话相反），其象征出现是必不可少的。它以波尼狼人的人形出现，是“狼袋”的看护者。它从冬季水牛狩猎开始偷走并照顾被俘的女孩，直到春天的献祭。它对她很友善，满足其需求，而且最终也是它将女孩送到献祭的祭架上。

在某些方面，波尼人是大平原部族中最复杂的，因为他们既是农业民族，又是狩猎民族。谷物收获，水牛狩猎，这是他们庆典的两大驱动力量，在所有的庆典中，生死轮回——通过动物之王的协议和谷物的更新周期而运转——是中心要点。在波尼人的思想中，天狼星，即天空东南方的红色死亡之星，就和谷物、水牛有关。随着地球自转，每夜天狼星出现又消亡，在精神世界里，这不过是狼的去来的一个缩影。天狼星穿过银河，而银河被叫作狼道。

狼就是革新的象征，正如柳条一般，这东南的神树象征着死亡和重生。当柳条被切断时，它会迅速重新长出；就像狼一样，它第一个被杀害，又第一个死而复生。在那时，在波尼人的鼎盛时期，一个人眺望着大草原，就会知道这些事情都是真的。

波尼创世神话

波尼创世神话说所有动物都被邀请去参加一次盛大的集会。没人记得是为了什么理由，南方天上最亮的一颗星星，天狼星没有收到邀请。当每个人在决定如何创造地球时，他在远处观看，哑口无言，满腔怒火。在这次盛大的集会之后，天狼星将其遭受亏待的愤恨告知来自西方的暴风雨，后者为确保一切皆好，围绕地球行走，其他动物将其控诉。暴风雨旅行时，随身带着旋风囊，其中装着最初的人类。当他夜里停下歇息时，他会把人们放出来，后者支起帐篷，捕猎水牛。

有一次，天狼星派遣一只灰狼四处跟随暴风雨。暴风雨睡着了，灰狼盗走了他的旋风囊，以为里面有好吃的东西。他带着囊袋跑到远方。当他打开囊袋时，人类跑了出来。他们支起帐篷，但是四处张望之后，他们发现没有水牛可猎。当他们看到放他们出来的不是暴风雨，而是一只狼时，他们非常恼怒。他们追捕灰狼并将其杀害。

当来自西方的暴风雨找到了最初的人类，看到他们的所作所为，他非常伤心。他告诉他们，杀害灰狼为世界带来了死亡。那不是原先的计划，但是事已至此。

来自西方的暴风雨告诉他们将狼皮剥下，用其毛皮制作一个神圣的狼袋，其中存放的东西能够唤起关于所发生的事情的记忆。此后，他又告诉他们，他们会作为狼的民族，即波尼狼人而为人所知。

天狼星在南方天上看着这一切。波尼人把这个星星叫作愚狼星，因为它在启明星之前升起，骗得狼群在第一束光之前就开始嚎叫。天狼星用这种方式，继续提醒人们在创建地球时，它是被遗忘的一个。

19世纪末期，在准备希达察黎明狼袋转移典仪时，一个名叫斯摩尔·安克斯（Small Ankles）的老人和儿子一同哀叹举行典仪的不易，因为要在周围找到一只狼特别艰难。在转移典仪中，希达察人进行一种“历史性呼吸”，呼入过去并强调其于现在、如今的意义。失去了这个典仪就是失去了过去，就模糊不清，就一无所有，就支离破碎。斯摩尔·安克斯知道，印第安人的时代和狼的时代一样，都在逐渐衰落。

在蒙大拿州的一天早晨，我坐在一个名叫雷文·贝尔（Raven Bear）的克劳老人家里。他在几年前曾旅行到西雅图去看他的家人。一天，他带着孙子，驾车到奥林匹克半岛，他听说那儿有一个养着很多狼的商业动物园。他找到那个动物园，支付6美元进了园。那些狼都圈养在很小的围栏里，他想那都是患病的胖狼。经营动物园的人告诉他这些狼是大平原狼中仅存的最后的狼。“我想告诉那个人他根本不知道自己说的是啥，”雷文·贝尔说，“但我不知道怎样说。我只是带着孙子离开了。”

夜深了，雷文·贝尔坐在床头，双脚悬在边缘。过了一会儿，他说：“你懂的，看到它结束了，那真叫人难受。”

第三部分

靡费损害之兽

第七章
申辩的呐喊

在创作这本书的时候，我有机会和很多人交谈，并接触了许多关于狼的观点。我喜欢和生物学家一起去野外。我喜欢大草原，也喜欢印第安人和因纽特人想法的敏锐。唯一的不愉快就是和一些人谈话，他们认为杀狼没有错误，甚至自我感觉良好。他们大部分人和我不是同一个时代长大的，成长环境也与我不同。我们对动物的感受不同，但我可以理解他们的处境。他们中有的是专业陷阱猎人，有的家畜都让狼给杀了，这是一个大背景。

但是，也有几个和我交谈的人是截然相反的。这些人似乎在人生的某个时候崩溃了，内心充满了戾气，这使得他们对很多事物都有一种非理性的仇恨：对法律、对政府、对狼。他们纠结地说，自己之所以憎恨狼是因为狼似乎过得比他们还要好。这似乎很荒谬。他们习惯性地杀狼，带着一丝报复，带着些许后悔，就像一个男孩在垃圾场射击老鼠一样。

他们人数不多，但是他们呼喊割取狼首的声音经常是最响亮的，这些声音奠定了农场会议的基调，促成了狼在地势较低的 48 个州的灭亡。

这些人和其他人一起，在美国杀害了难以计数的狼，大部分是为了控制狼对家畜的掠食。一直到 19 世纪末，杀狼是一项合法的行为。狼群缺乏野牛等野生猎物，于是转向了牛群和羊群；如果你想在美国饲养家畜，你除了杀狼别无选择。但是对狼的杀戮是一件复杂的事情，绝不是看上去那么合乎逻辑。因为一时冲动，人们给出了荒唐的理由——因为狼游手好闲，不用为食物工作，他们这样说。

如今，要来谴责这些人，来审视他们的所作所为——破坏了国家的野生动物遗产，这是轻而易举的。但是，我们对他们的责备也许来得太草率了。我们忘记了假如自己身处那个时代、那种处境，我们也会杀狼，我们和他们其实并无太大差异。而且，责备他们造成了损失也未免妄断。我们需要面对一个更大的问题：当一个人举起步枪、瞄准狼头的时候，他想要杀死什么？还有一些问题：为什么我们不能停下来？为什么在需求满足很久后，我们还要继续杀戮？当那些懦夫和疯子折磨狼的时候，我们当中许多人为什么都视若无睹？

从历史意义上说，失去了狼，我们都是罪魁祸首。早在 19 世纪，大平原上的印第安人就告诉我们，狼是人类的兄弟，我们却在宣传别的真理——命定扩张论①。我想，现在让我们痛苦的是，另外一个真理大体上仍未被阐明。你想说原本就不该有杀戮，但是你

① 命定扩张论是 19 世纪美国人的一种信条，认为对外扩张是美国的天命。

不知道该怎么表达出来。

自从人类最初对狼好奇开始——将其后代驯化成狗，欣赏它们的猎人品质——人类也在经常地猎杀它们。初看上去，杀狼的理由相当简单和正当。狼是掠食者，当人类来到土地上“驯服”它们时，他们用家畜来替代野生猎物。狼会捕食这些家畜，而人类会猎杀它们，从而整体上减少狼的数量，这是保障他们的经济投资的一种保护性措施。狼和畜牧者无法和平共处。也许，从正当性的角度来说，这种保护措施的其中一步就是渔猎局的行动：杀狼以维持或增加大型狩猎动物的产量，以便人类猎人能够去猎杀这些动物。这类“掠食者控制”在历史上随着经济、政治利益而改变，而生态利益仅是次要的。而且，它有时只是基于酒吧的高脚凳和酒保的生物学，而不是野生动物科学。

当然，杀狼不仅仅是为了控制掠食者。赏金猎人杀狼是为了钱财；陷阱猎人杀狼是为了毛皮；科学家杀狼乃为数据；大型猎物猎人杀狼则是为了战利品。这些杀戮的理由更难站得住脚，但是很多人一点都不觉得这些行为有何错误。的确，这就是我们对待包括山猫、熊、美洲狮在内的所有掠食者的做法。但是狼是截然不同的，因为杀狼的历史表现出更少的节制、更多的乖戾。很多人不仅仅是杀狼，他们还虐待它们。他们把狼点火焚烧，把它的下颚撕裂，将其跟腱割断，并任由家犬去撕咬它们。他们用马钱子碱、砒霜和氰化物来毒害狼，其规模之大，以至于数百万其他动物——浣熊、黑足鼬、红狐、乌鸦、红尾鵟、老鹰、地松鼠、狼獾——都在此过程中惨遭横祸。这场对狼的仇视到了最激烈的时候，他们甚至毒害了自己，焚烧了自己的房产，点燃整片森林来摧毁狼的天堂。在

1865年到1885年的美国，畜牧者对狼的猎杀几乎带着一种病态的狂热。到了20世纪，人们坐在飞机上追击狼群，或坐在机动雪橇上，用猎枪射击它们，这仅仅是为了运动。在20世纪70年代的明尼苏达州，人们用圈套把东部森林狼勒死，理由是对它们被指定为濒危物种表示轻蔑。

这不仅是掠食者控制，这种做法相当残忍，远远超过了社会学家所谓的身负压力。这种暴力暴露出其背后的可怕假设：人类有权杀害其他生物，不是因为它们所做之事，而是因为我们害怕它们可能会做的事。我差点就写了“或者根本就没有理由”，但是终究是有理由的。杀狼和基于迷信的恐惧有关，和“责任”有关，和证明男子气概有关（理论上讲，这可能无非是想要占有或摧毁狼的灵魂）。这种猎杀是如此慷慨大义，又如此丧尽天良，因此我想，有时杀狼和谋杀有关。

在历史上，最明显的杀狼动机，最能对过分猎杀做出解释的，就是一种恐惧——兽齿类恐惧症，对狼的恐惧，对狼作为一种无理性的、残暴的、贪得无厌的动物的恐惧，对自己身上映射出来的兽性的恐惧。这种恐惧由两个部分组成：自我厌恶，和人类缺乏抑制的焦虑。兽齿类恐惧症的本质是人类对自身本性的恐惧，其最鲁莽的表现就是投射到单一的动物身上，这种动物成了替罪羊，并被歼灭。这就是发生在美国狼身上的故事，而导致这个结果的原因极其复杂。

那些日子已然逝去，如今再去谴责对狼的过猎（美国的联邦法律禁止了这种行为），或去责骂畜牧业无节制的破坏，也是多说无益。但是能让我们受益的是去研究恐惧和厌恶从何而来。除了对动物的残酷以外，猎狼和其他狩猎截然不同，其正义性是从何而来呢？

这种厌恶有宗教的根源：狼是恶魔的化身；也有世俗的根源：狼猎杀家畜，使人贫穷。在历史上，一般来说，它和野蛮的感受有关。当人们谈论其一的时候，总是会带出另外一个。比如，赞美荒野就是赞美狼；想要结束蛮荒就意味着要取狼的脑袋。

在谈及我们对蛮荒反感的依据时，历史学家罗德里克·纳什（Roderick Nash）专门提到宗教和世俗的先例。比如，在《贝奥武夫》中，有一段关于蛮荒的世俗（如非宗教）的语句，其中描写了无人栖居的森林。在一片这样的地区——潮湿阴冷的深渊、布满瘴气的沼泽和被风吹袭的峭壁，居住着吃人的邪恶生物。在《圣经》中，蛮荒的定义就是没有上帝的地方，即一片干枯、贫瘠的沙漠。蛮荒就是天然危险的、无上帝的地方，这种扭曲感不可避免地和狼联系起来，因为它是阴暗荒野中最可怕的动物。当人类文明向前推进，人们开始用征服荒野来衡量自己的进步：一是砍伐树木，建立农场；二是清理异教思想，代之以基督教的思想。杀狼之举就变成一种象征性行为，一种清除那个巨大的、襁褓中的蛮荒障碍的方式。通过对狼的猎杀，人类展示出非凡的力量和对上帝的忠诚。我这么说太过避繁就简，但是基督教传教士和阿肯色州的居民并无太大差别，前者纵火烧毁英格兰的树林，使得德鲁伊教徒失去祭拜的场所；后者于1928年纵火焚毁沃希托河国家森林的数万亩土地，迫使狼没有藏身之地。

在18世纪的美国，科顿·马瑟（Cotton Mather）和其他清教徒牧师进行布道，宣扬反对蛮荒，将其看作对上帝的侮辱，和对人类的挑战，因而想要证明自己的宗教信念，就要消灭蛮荒。马瑟等人催促殖民地的居民把“荒僻的旷野”改造成“肥美的土地”。在1756年，约翰·亚当斯（John Adams）写道，当殖民者来到美国的时候，“整片大陆就是一片持续凄凉的荒野，狼、熊和许多野蛮人在此神出鬼没。如今，森林被毁去，土地变成了玉米田，果林结满了硕果，美丽的栖息地上居住着理性的文明人”。在这一时期的欧洲，人们过分追求凡尔赛花园的整洁有序，对劣等蛮荒的征服和管理已经被奉上神坛。

在美国，驯服蛮荒的推力从未停止。19世纪40年代，马车夫“开辟了通往西部的道路”；随后就是农场主，他们开垦了牧场；还有伐木工，他们“让阳光照进了沼泽地”。在亚当斯谈论凄凉荒野的一百年后，铁路大亨和养牛大亨提出了“命定扩张论”，以及人类行使上帝管家的权力和职责，“从土地上创造东西”。他们建设城镇、田地、牧场的地方，就没有狼的立足之地。狼变成了人类想要抹杀之物的象征——人类关于原始荒野的记忆，以及阻碍美国建立地球上最伟大帝国的残余兽性。狼代表了（正如罗杰·威廉斯所说）“一种凶猛的、嗜血的迫害者”，侵蚀着人类身上一切尊贵高尚之处。西奥多·罗斯福（Theodore Roosevelt）把手放在《圣经》上，眼睛吸引着商人的注意，严肃地谈到北达科他州农场上狼吃羊的情形，说狼代表着进步的威胁。他说狼是“靡费损害之兽”。

蛮荒的景象象征着混乱，人类必须从中创建秩序，这种观点深深地镶嵌在西方人的思想中，但是它和一种相反的观念有着密切的联系：荒野即隐鳞戢翼，川渟岳峙，恢宏壮丽，摄人心魄。在《出埃及记》中，人们专门去寻觅荒野，以逃避罪恶的社会。那些被城市生活压迫的人们，到乡间寻求和野生动物的亲密接触。华兹华斯（Wordsworth）和雪莱（Shelley）等浪漫主义诗人所赞美的大自然，托马斯·莫兰（Thomas Moran）、阿尔伯特·比尔史伯特（Albert Bierstadt）和哈德逊河画派（Hudson River School）所描绘的自然风光，卢梭（Rousseau）笔下的高尚的野蛮人，以及约翰·缪尔（John Muir）和亨利·大卫·梭罗（Henry David Thoreau）的晚期作品，都继承了这个传统。

荒野和狼值得保护，与荒野和狼是帝国西扩的障碍，这两种观点不可避免会相互冲突。20世纪，在美国的阿拉斯加等地，这两种观点迎头相遇。在阿拉斯加州，居民想要歼灭狼群，增加兽群，接着兽群就会吸引旅游猎人，从而进一步推动沉浸在石油财富中的州经济的发展；还会吸引环保人士，其中大多数来自外州，他们不愿看到狼及其所象征的蛮荒在阿拉斯加州消失，就像在其他48个地势较低的州消失那样。

比尔史伯特和卡尔·波曼（Karl Bodmer）在欧洲的沙龙中展示美国的原始美的同时，美国大地上的开拓者在诅咒这片荒野，那是他们艰苦困顿的象征——更不必说要去谴责那些赞颂蛮荒的高雅人士，他们在欧洲的城市中过着舒适的生活，不知人间疾苦。这样略作回顾，以上两个团体间的根本矛盾就变得清晰明朗。在《美国的民主》中，德·托克维尔写道："在欧洲，人们对美国的荒野侃侃而谈，但是美国人自身从不加以思索；他们对非动物界的奇观感觉迟钝。他们的眼睛紧盯着另外的景象；他们向着荒野进军，清除沼泽，让河流变道……”

开拓者对待蛮荒的态度是敌对的、功利的。罗德里克·纳什写道：“在西部扩张的游戏中，蛮荒就是恶棍，而开拓者就是英雄，乐于摧毁蛮荒。将荒野改造成文明，这是开拓者牺牲的回报，是他成就的定义，也是他自豪的来源。”

这种传统可部分解释为何一个现代的阿拉斯加州居民——哪怕他是刚到费尔班克斯市——也会觉得他可以奚落外来者的观点。他游离于蛮荒的边缘；他心里支持铁路西进，并认为喜欢狼的任何人都太心软了，无法在野外生存。

我们总是轻易地谴责西方人对狼的大规模破坏，却忘记了这些破坏施行的环境。我所遇到的为了谋生而在某个阶段杀狼的人并不是残暴的人。有些是可爱的甚至谦逊的人；其他的是不牢靠的、不负责任的人。但是区别在于：那些杀狼超过几年的人，不会出现杀戮和后悔的幻想；而那些只是短暂尝试的人，几乎无法摆脱和邪恶作斗争、坚持正义的想法。在一篇发表在1955年的《田野与溪流》上的题为《北极低空扫射猎人》的文章中，一个名叫杰·哈蒙德的空中猎人——后来任阿拉斯加州的州长——写道，在20世纪50年代早期，要不是他带着猎枪和飞机出场，一个月猎杀了300只狼，当地的因纽特人肯定会饿死。无论如何，在飞机和猎枪到来之前，因纽特人、驯鹿和狼已经在此共存了一千年。同样，明尼苏达州北部的一个陷阱猎人自豪地向我展示了他所用的非法圈套，他用其来猎杀东部森林狼，且说要是他不继续杀狼的话，他的家畜就会被吃光。他自视比学历过剩的生物学家懂得更多，他们在邻居都点头称是时，竟有勇气和他对峙。他说："当法律错误的时候，一个男人必须奋起保卫土地，使其免受狼的侵扰。"（联邦法律规定杀狼是一种犯罪。）

很多人欣赏这个人的直截了当和男子气概，但是他所见到的土地所有权、家畜驯养和狼的处理等事宜，仿佛出自一个百岁老人的视野，幻想明尼苏达州蛮荒中边远的农场，曾经的岁月。

清除蛮荒。这一信念孵化了一场对抗狼的战争，在19世纪末期的美国达到高潮。但是这个故事还要更加久远，信念的源头还要更加复杂。

当人们成为农夫时，他们才开始严肃对待杀狼一事，但是因为狼会啃食战场上的死人，且常在晨昏的曙暮光中出没，它们让人恐惧，并非只被当作是家畜掠食者，还被视为身体和精神上的危险。民间传说把狼说成是被恶魔附身的生物。狼，和围绕它产生的寓言、戏剧形象之间，有一个很大的谜团。狼是恶魔，红舌头，呼吸硫黄，黄眼睛；它是狼人，吃人肉；它是人们在自身中所见的欲望、贪婪和暴力。所有人都像亚哈一样追捕着这头白鲸。[①]

让我开始说些具体的——掠食家畜。历史上对动物的理解是多种多样的：当作人类的消遣，当作使唤的奴隶，或纯粹地当作一个象征物。如今我们对审理动物谋杀案的想法付之一笑，但是对动

① 在赫尔曼·麦尔维尔（Herman Melville）所著的小说《白鲸》中，亚哈是纵横海洋的捕鲸高手，但却遇到了聪明、凶残、夺去无数性命的白鲸莫比·迪克，从此便不知疲倦地追捕这头白鲸。

物谋杀的审判和惩罚的概念不应被当作愚昧无知的闹剧而置之不理。在16世纪，这是严肃的事情，理解为何一头猪会因谋杀而被审判、定罪和绞杀，有助于理解为何人们为狼谋求同样的命运。这都是基于因果报应。

那个时代的学者竭尽全力地遵循原则，而正义的最古老原则之一就是因果报应，就是同态复仇法，即犹太法律中的以牙还牙。这不是简单的复仇——这是维持宇宙秩序。没有任何杀戮可以逍遥法外。假如这种犯罪不受惩罚，必要父罪子承。社会的谋杀如果没有惩罚，就会引发上帝的愤怒，带给人类疾病和饥荒。

尽管复仇法则不再被视为高效之法，但它曾经对法律思维产生过重要影响。虽然动物被托马斯·阿奎那（Thomas Aquinas）等人当作是恶魔的傀儡，通过它，上帝给人类带来考验其勇气的苦痛和烦扰，那也没有什么差别；破坏上帝的计划和正义就必须被惩罚。如果一匹马踢了一个烦人的小孩，小孩不幸夭折，马就会被审判和绞死。这种思维发展到极端时，自杀的人被要求手拿小刀接受审判，他的手被砍下另外处罚，小刀则被流放，扔到了城墙上。

甚至在这种动物审判停止以后，杀人偿命（无论是他杀，被狗所杀，还是被倒下的树砸死）的思想依旧留存。它曾被写进英国的行为法则。一辆马车撞倒了人，马车出售后财产归国家所有，因为从理论上讲，国家失去了这个公民的效劳。可想而知，人类会驱逐一只杀人的狼，但是需要注意的是，除了拥有找到、处死那只狼的权力，人类还感到一种道义的责任。不管狼是有知的生灵，还是撒旦的傀儡，无论它是故意还是无意谋杀，抑或只是被怀疑杀害某人，这都没有区别。死者的冤魂必须通过复仇来雪耻。

对于家畜的屠杀者，这种复仇姿态的产生有三个原因。其一，人类知道牛羊是无辜生灵，没有能力复仇，正因为如此，人类为其提供保护——“杀我羊，即杀我”。其二，人们相信家畜天性本善，而狼天性本恶，甚至认为狼明知故犯，是有意的谋杀犯。其三（在19世纪后期的美国），这种保护无辜家畜的防御姿态，其正义性如经济损失问题一样关键，成为灭狼赏金立法和下毒项目理论的中心要素。

其他思想来源于中世纪，并带来这样一种感觉：杀狼在道义上是正确的。在大众的心理中，服务人类的动物如狗、牛，和给人类带来悲伤的动物如狼、黄鼠狼之间是有区别的。芳香的动物和恶臭的动物是有区别的。狼和鹿、乌鸦和鸽子之间的对比，将这种思想一语道破。

另外一个重要的认知就是动物存活于世上就是为人类效劳的，“没有生命能够让上帝喜悦，如果它对人类一无是处的话”。人们相信他们能够辖制动物，正如他们驾驭奴隶那样，相信他们能够对它们为所欲为。将狼从森林中清除干净，以使人们能够饲养牛群，这种做法完全合适。不仅合适，而且得到了很多宗教团体和国家的认可，其中前者称赞畜牧业，后者的目标是创建服从的、畜牧业的、丰饶的乡村。正因如此，英格兰的和平国王埃德加在10世纪要求人们用狼头纳税，用狼舌缴纳法定罚款。

起源于欧洲的另一种思想影响了杀狼的合理性，这种思想可以在勒内·笛卡儿（René Descartes）的作品中找到。笛卡儿说，动物存于世上是要为人所用，而且它们毫无疑问出身卑贱；它们没有灵魂，因此人类杀害它们也无须有罪责感。这是对当时与罗马教会格格不入的异教徒观念的一次正式背弃：其观念是动物拥有心灵，它们不该被恣意杀害，而且它们也不附属于人类。在19世纪的美国，马钱子碱运动轰轰烈烈地展开，那时绝大多数人的观点就是：人类能够不顾道德约束、不论道德责任地去杀戮，因为狼仅仅是动物。在1650年，欧洲的狼猎人一辈子可能会猎杀20～30只狼；而在19世纪末期，1个美国狼猎人在十年中就能猎杀4000～5000只狼。

随着关于私人财产和保护个人财产避免侵害者——非法侵占产权者、非法定居者、非法侵占用水权者、假证供应者——的观念的成熟，美国的杀狼事业还获得了另外的支持。这不仅仅是因为一个人养牛，他才拥有杀害扰牛之狼的权利；而是一个人拥有一片养牛的土地，基于那些权利，他就可以向狼开枪。1892年，有个牧羊人写道："在艾奥瓦州人们的文明和进取之上，狼群依旧存活，而且经常出没在辛勤耕耘的农场上，甚至靠近州中的繁华城镇，这是一个污点，一个奇耻大辱。"

在美国发展成熟的另一个观念就是狼是自然界的胆小鬼，而不是印第安人和因纽特人想象中的值得尊敬的猎人。而蔑视懦夫，这是边远地区先驱者的固有品质。我认为，狼是胆小鬼的观念，必然是从几个误解中产生的。狼一旦经历过枪战，再次看到猎枪就会逃跑，而在那些开拓者的眼中，狼就像胆小鬼一样逃跑了。把狼称作懦夫，另外一个原因就是它会杀害软弱无力的猎物，如鹿。人类自视是上帝的使者，修正大自然中不完美的事情；当他与自然环境脱离开来，他开始把自己看作是弱小动物的保护者，使得它们免受像狼这种恶霸的算计。

驯服荒野的想法、有仇必报的原则、私人财产的保护、无须背负道德责任地决定所有动物命运的不可剥夺的权力，以及人作为软弱无力的动物的保护者的美国式的概念——正是在这些观念的背景下，狼才成了敌人。

在参议院委员会的农业和林业听证会上，S.3483号提案要求在十年间，用于控制掠食动物的资金不少于1000万美元。会议上进行如下交流：

怀俄明州的肯德里克议员：在我所监督和管理的牧场上，我们的战争始于1893年的秋天。有两个人采用了杀狼项目，他们骑着马，带着猎枪、毒药和陷阱，创下了在2～3个月里摧毁150只狼的纪录……

最近我收到好些大学生的信件，据我回忆，他们坚持在消灭掠食动物方面要有节制，但是我无法想象一个既不熟悉狼给兽群和家禽带来的毁灭性灾难，又不熟悉这些动物在摧毁猎物时所用的方法的人，竟然会提出这样一个请求。狼是人能够想象的最残暴的动物。不可否认这些人的出发点是好的，但是我认为他们浑然无知……

简而言之，在这个面积大约78～91平方千米的小牧场上，我们总共猎杀了大概500只灰狼。这个数据在我离开牧场前有所记录，后来就数不清了。我们还额外奉送了大量的郊狼，数量达数百只，但是我们也懒得去计数和记录……

爱达荷州的托马斯议员：温先生，你可以继续你的陈述。

温先生：委员会的各位先生们，现在让我们来看这组估值，一个十年的掠食动物控制项目，就意味着养鸡户、养狗户、养火鸡户、牧牛者和牧羊者每花费 1 美元，就能省下并收益 10 美元。

我们理解委员会在遇到各种必需性支出时所面对的困难……但是我们把这种特殊的估值当作是经济计量。如果我们现在花费这些钱，那么在接下来的十年里，甚至更久，掠食动物控制就会变得相对简单，而到那时就算我们大大减少开销，也能不涉危险地做好工作。

肯德里克议员：我可以就此处问你一个问题吗？

温先生：当然可以。

肯德里克议员：我们已经提到，有些人出于好意，在抗议对这些动物的消灭。尽管联邦政府、州政府和感兴趣的个人可能会采用最完善和高效的灭狼计划，温先生，难道你的意见不是仍然会有大量的动物存活繁衍吗？

温先生：一直都会有的。

肯德里克议员：现在，一方面，这个（杀害狼窝中的狼崽的）问题可能会引发同情，任何一个不愿看到狼在陷阱中遭受惩罚的人皆会如此。另一方面，如果他们曾经亲眼看见狼损毁猎物的方式，他们就会倾向于把杀狼当作是报复……问题是，我们是要让掠食动物在国内泛滥成灾，还是要让国家在肉用动物方面达到更高的目标。如果你在思量我们是否应该对狼妥协，那么你就会再次陷入水深火热的境地，因为你思量越多，消灭狼的代价就会越高。

沃尔科特议员：肯德里克议员，我是否可以在你的谈话中加入这点思考，因为我知道一提到关于野生动物的事情，你向来都是健谈者。

肯德里克议员（继续）：而且我想就这一点谈一谈，以澄清一些误会：我在怀俄明州努力保护该州野生猎物的经历，至少赋予我考虑跳过该问题的权利。

沃尔科特议员：关于这点完全没有问题。

——美国参议院，第71届代表大会，关于S.3483号提案，于1930年5月8日和1931年28～29日的第2～3次开会。该提案于1931年3月31日由胡佛总统签署通过。

这些话题还会在下一章回顾。

当然，狼被直接和间接猎杀，理由众多。在欧洲，每当有人怀疑狼咬人时，人们就会组织反抗狼的大屠杀或大驱除。在这些驱除中，常常有数千只狼被猎杀，就像热沃当怪兽被追捕的那场驱除。另一只著名的草寇狼，一只名叫孔托（Countaud）的短尾狼，在1447年夏天出现在巴黎这座有围墙的城市里。孔托和其狼群中的十几只狼攻击了一群家禽，当时家禽正从树丛中被驱赶到集市上。狼群追赶马群，惊翻马车，惊吓孩子。在1450年2月，人们推测狼群从城墙的一道裂缝进入巴黎，并杀害了40人。随着寒冬的到来，人们直捣狼窝的行动失败，只好屠杀家禽，留下血淋淋的印迹来引诱狼群。最后，狼群被困在巴黎圣母院前面的广场上，被投掷石头，被长矛刺死。

有一些杀人的狼不仅仅是狼。在1685年，一只在德国的安斯巴赫掠食家禽并可能杀害妇孺的狼，被认为是当地一个镇长的化身。这只狼被追捕、猎杀，然后穿上鲜红色的衣服，并带上了栗棕色的假发和白色的胡子。它的口器被切除，并绑上了一张仿镇长的脸的面具。最后，这只狼在城镇广场上被绞杀。

在欧洲广为接受的做法是在战后实行仪式化的乡间除狼活动。狼在战场上掠食了成千上万具死尸，而交战的人们让其逍遥法外，结果狼的数量激增，并偷袭人们忽视的家禽。当军人凯旋，兴高采烈地回家后，他们立刻着手猎杀狼群，并且将其当作是战争的一部分。无独有偶，美国士兵在“二战”之后回到中西部地区，开始把狼称为纳粹党，并穷追不舍地猎杀它们。

当野狗猎杀家禽或野生动物的时候，狼也会被当作罪魁祸首，遭到谴责和猎杀。最近，在明尼苏达州发生的两个州公园的独立事件中，超过 100 只鹿被猎杀，却没被吃掉。狼被严厉斥责，反狼武力采取了报复行为，直到真正的罪魁祸首被发现和杀掉——那分别是两只狗。

20 世纪 70 年代，在北美的反狼运动中，狼被猎杀并扔到州立法机构的台阶前，以争夺新闻头条，给立法者施压，要求创立猎狼赏金。另外有些怒气冲冲的公民，因受到反狼宣传册的煽动，便自发设立杀狼的毒肉站点。

近年来，狼越发成为“娱乐猎杀”的受害者，被机动雪橇碾压，被大雪围困惊吓，被小卡车追赶，或者是在狩猎季节，被上千个猎鹿人中的一个偶然看到，并一时冲动将其射杀。（在 1975 年，一只三岁的狼在猎鹿季节出现在明尼苏达州北部的垃圾场。它的背部被一支点 22 口径猎枪射中，然后内出血而亡。我在同一只狼的头骨中发现了不知年月的点 30 口径猎枪子弹的碎片。）

其他要为狼的死亡负责的人更加隐秘。育空的旅客为其私室寻求一张狼皮，愿意支付超过450美元，这就间接杀害了数百只动物。在1973年，纽约和洛杉矶的好心人强烈要求把东部森林狼列为濒危动物。法律通过了，而当明尼苏达人抱怨东部森林狼太多的时候，这些人遭受嘲笑。因为联邦法律给予保护，明尼苏达州的狼越来越多，而且没有人类猎人的控制，狼的主要食物来源减少，于是很多都活活饿死了。

养在动物园里的狼每年都会死亡，因为笼子设计不好，或因为捕获系统的缺点，或是因为骚扰。研究机构试图抓住正确的时机，来孤立性成熟的狼，这种徒劳无功每年都会产生大量需要清理的垃圾。送人的狼崽经常被杀死，因为它们比狗更难饲养。露易丝·克里斯勒（Lois Crisler）在《荒野北极》一书中提及自己在阿拉斯加和狼共存的生活，她杀死了她自幼抚养的狼，因为她无法承受狼对她的囚禁。

这就是对狼的历史的塑造。到了今天，尽管人们广泛同情那些年月里被迫害的动物，但是杀狼不需要什么实质的理由，仅靠一种想要的感觉就去做了。几年前在得克萨斯州，一个周六下午，三个男人骑着马践踏了一只母赤狼，在它的背上套上套索。当它用嘴去咬绳索，不让套索收紧时，他们拖着它在草原上跑动，直到它的牙齿掉了出来。然后，其中两个人用马将绳索拉紧，而第三个人用栅栏钳子将它打死。狼被小卡车带到酒吧里，最终被丢弃在路边的沟渠中。

想要概括这些邪恶存在的原因是相对容易的——因为人们感到无趣，因为有些人在现代社会中感到无力。但是实际上，这是惊人的自我放纵行为。这种行为被沉默宽恕，免受惩罚，揭露了人类精神中一种可怕的卑鄙。

第八章
猎狼运动

人类一直在想方设法把猎狼变成合法化操作，甚至不惜偏离得体行为。其中一个辩说是猎狼是一种“有益的运动”——狼是臭名昭著的敌人。尽管这些人中很多对狼没有公开的仇恨，但是他们使用的方法并非总能被称作运动。

西奥多·罗斯福曾带着狗在俄罗斯和北美洲猎狼，有时规模浩大，且没有道歉。（他曾经动用了70只猎狐犬，67只灰狗，60副马鞍和驮马，以及44个猎人、助猎手、牧马人和记者，全部都坐在一辆22节车厢的私人火车上。）在俄罗斯，这样的狩猎虚饰了上层阶级的尊贵；在美国则很少有狩猎活动的合法权利，尽管这仅仅是种伪装。罗斯福对这点非常清楚。他曾描写过一个带狗猎狼的熟人：“有两点是必要的，一是狗要奋勇战斗，不屈不挠；二是它们口器锐利，一致对外，把狼压制住。通常，一次会带10只狗，在它们的帮助下，马星盖尔猎杀了两百多只狼，包括狼崽。当然不能说这是公平的比赛。狼被猎杀，不是为了运动，而是因为它们是害兽。”

在欧洲，带狗猎狼是一项贵族的娱乐活动，在19、20世纪之交尤其流行。当贵族和嘉宾在狩猎小屋中吃饭和休息的时候，猎人首领和他的助手在乡间搜寻狼踪，或者从当地农民处得知狼的窝点。到了狩猎当天，男人在树林外排成一列，领猎者试着呼号引出一只狼。如果听到回应的狼嚎声——“混合着垂死之狗的悲痛，伴随着爱尔兰女鬼的哭泣”——那么猎人就会带狗赶去森林的深处。猎手们穿过森林，每个人可能都用皮带拉着六只狗，包括猎鹿犬、牡鹿猎犬、西伯利亚猎狼犬、瘦长的俄国白狼狗，还有身材娇小的灰狗和猎狼犬。当猎人看到狼了，就会叫唤：“狼！狼！狼！”然后松开狗的缰绳。猎人坐在马背上，待在树林边缘，让追赶的狗群把狼赶进包围圈。狼要想突破重围，要么就会被射杀，要么就是被狗牵制，最后被刀剑刺死或乱棍打死。有时，一些狗，尤其是大体型的獒犬和猎犬的杂交种，会把狼咬死。

在乡间的开阔草原，狼被人们和狗追赶，被猎犬缠住，然后被套上绳索，或被猎取性命。乔治·阿姆斯特朗·库斯特（George Armstrong Custer）十分热衷于猎狼运动，他在旅行中常常带着一群狗。他偏爱大型灰狗和牡鹿猎犬，在去北美苏族的圣地黑山的时候，他带了两只体型壮硕、毛色纯白、毛发蓬松的牡鹿猎犬，松开其绳索，让它们去猎鹿和捕狼。夏延市的南方人讨厌库斯特，在1868年俄克拉荷马州爆发的沃希托战役中，他们杀死了库斯特最爱的一只牡鹿猎犬布拉切。

在俄罗斯的冬天，一种流行的猎狼方式就是搭乘马拉的扁平雪橇，雪橇的后面拖着一头屠杀的牛犊或小猪，或是一捆血迹斑斑的稻草，有时故意扭断猪蹄让它尖叫，直到狼群出现在雪橇的后面。狼群会被射杀。骑着雪橇猎狼的故事在俄罗斯数不胜数，但在俄罗斯的小说里，这样的计谋也有失策的时候——比如马群疲累了，或者狼群太大，或者狼的速度太快，又或是雪橇在冰面转弯的时候翻车了——这种事故几乎都成了套路。

猎人往往被狼夺走了坐骑和马群，只好在倾覆的雪橇下度过痛心的一夜，一边还要抵抗狼群的侵犯，直到天明，这就好比车队被印第安人团团围住一般。当清晨的第一缕阳光出现时，狼群就渐渐退去了，它们已经杀掉了受伤的同伴，吃掉了尸体的血肉。而此时，人类的援兵也到达了，通常是因探险者彻夜未归而担惊受怕的朋友。

最引人入胜的猎狼故事是那些用老鹰捕猎的故事，在欧洲偶尔会见到，但是它源于俄罗斯中南部的吉尔吉斯。这种老鹰——金雕的一个叫作伯库特（Berkut）的亚种——被游牧民族所驯养。这种鸟儿仅重 4.5～9 千克，但是能够击打狼的背部，钳住狼的脊柱，力大非凡，几乎使狼麻痹。金雕通常用一只脚钳住狼的脊柱，当狼转过头来要咬的时候，金雕就用另一只脚钳住狼的鼻子，使它窒息，或者拿住不动，等猎人来把它杀掉。金雕的强壮超乎想象，它的每只脚上都似乎有一吨的钳力，它挥动 91 厘米长的翅膀能将一个人的手臂打折。

在野外，老鹰可能永远不会攻击成年的狼，而猎狼是需要专门培训的。1930 年，一位德国的前军官 F. W. 雷姆勒（F. W. Remmler）在芬兰用老鹰猎狼，然后去加拿大之前又去了欧洲。最初，他用孩子来训练老鹰，孩子们穿着皮革盔甲，带着狼皮，背后绑着生肉。当老鹰学会击倒孩子、获取生肉之后，雷姆勒把它们放在一个围场内，并放入了从欧洲的动物园里买来的狼群。金雕要花费数日才能学会猎狼。（雷姆勒没有提及，但是这些狼应该是戴了口套的。）训鹰的最后一步就是在一个岛屿上猎杀被松绑的狼群。雷姆勒和他的朋友会把金雕放置就位，然后让狗把狼群逼向它们。当狼群出现时，金雕就被抛了出去。

三十年后，雷姆勒写到了一次这样的捕猎，他回忆起有一个下午，他的一只老鹰洛希在十分钟内就猎杀了两只狼。当晚，当雷姆勒和朋友在火堆旁品味科尼亚克白兰地时，他们听到了岛上另外五只狼的嚎叫声。“最初是母狼，然后是整个狼群把鼻子伸向了繁星满布的夜空，”他写道，“它们发出的狼嚎如此惊悚，我的血液都要凝结了。也许是我那天晚上喝了太多酒了，但是充斥内心的那种恐惧是十分真切的。如果我能让那两只死去的狼复活，我会立刻施展魔法。”

在俄罗斯，吉尔吉斯部族依旧骑在马背上，用老鹰猎狼，用狗辅助之。

狼在广阔的范围内行走，经常是见人就跑，因此必须用狗或鹰来追踪，或者用诱饵来引诱。人们会杀掉一匹马或一头牛，将其尸体拖过树林，留下一路血迹，把肉挂在树上，然后隐藏起来。尽管如此，这种用绵羊或山羊来做诱饵的狩猎从来都没有取得太大的成功。（在 20 世纪 70 年代初期，明尼阿波利斯的市民在当地的超市里买了牛排和午餐肉，放在冰冻的湖面上，守株待兔地等着狼群出现。他们恐吓说这是要消灭偷猎鹿群的狼，对此明尼苏达州北部乡村的居民只能暗暗偷笑。)

要说猎狼不是因为仇视狼群，也不是因为它们威胁了家禽，那么猎狼运动背后的理性真的让人摸不着头脑。想想查尔斯·比尔斯（Charles Beals）在《白山山脉中的帕斯科纳威》一书中所述的1830年在新罕布什尔州的塔姆沃思附近的猎狼事件。

11月14日晚，信差急匆匆地到访塔姆沃思及周边的城镇，声称有“无数只”狼从桑德威奇山脉下山，并已进驻在迈特逊山了。所有体格健壮的男人，下到十岁，上至八十岁，次日一早都被召集到迈特逊山报到。

迈特逊山覆盖了20英亩树林，完全被开垦之地包围。为了防止狼群回归山林，哨兵被安置在山区周边，无数的火把被点亮。一整晚，围困的狼群发出骇人的嚎叫，大山的斜坡上也传来回应的狼嚎。这是漫长而孤独的看守，围攻者瑟瑟发抖，乡下的妇人送来了食物和热咖啡。

一整夜，增援的人陆续到来。到了天亮时，现场已有600个男丁，手里拿着步枪、滑膛枪、草耙或棍棒。男丁们召开了战争委员会，制订了作战计划。桑德威奇的昆比（Quimby）将军被任命为总司令，因为他是个作战经验丰富的老兵。昆比将军立刻在山区周边安置了一小排狙击手，防线薄弱；剩余的主体部队布置在散兵后面十步处，阵容超强。之后，狙击手接到向前挺进的命令，即朝着山顶进军。开火了，步枪轰轰，狼嚎声声，响彻云霄。受困的狼被火花和枪声吓得疯狂乱窜，就算身负重伤，它们也一次一次地尝试突破那条薄弱的红色防线，但是都是徒劳。它们被迫退回林子里，不断地奔跑，不让神枪手射中。一个小时内，主体部队也收到命令，他们也开始进军了。

接近敌人中部，进攻者在山顶围成一条环形战线，在经过16个小时的作战后，他们的声音不再是窃窃私语，而是胜利的欢声笑语。约瑟夫·吉尔曼（Joseph Gilman）说只有几只被围困的狼逃跑了，但是卡罗尔县的历史学家却说有更多疯狂的动物突破防线，逃回了来时的山里。凯旋的战士回到了大本营，即总司令设立总部的地方，他们把战利品放在领导的脚下——四只巨大的狼——再三发出雷鸣般的欢呼声。

将军坐在马车上，他的小军队在马车头前列队站立。这支战胜的队伍进了村子，在宾馆前面围成了一个空方块，将军处于方块的中央，他登上了马车。看哟，女士们在窗口、在阳台上挥舞着欢乐的手帕！昆比将军发表了合乎时宜的演说，接着饥渴的战士们走进了酒吧，尽情欢饮。历经20个小时的作战，滴水不进，他们已经十分饥渴。

这些狩猎的主题通常都是准军事行动、仿贵族气派和异样的欢乐。

在19、20世纪之交，周六下午去猎狼是一项十分受人青睐的消遣。悬赏狼尸体的奖金被慷慨地用在季末的派对上。一个参与者写道："春季最流行的乐事——猎狼——在草原之州兴起，主要有三种方式：农户真切渴望把害兽赶出城镇；社区的男丁想有一天的娱乐时光；野心勃勃的经销商希望扩大枪支弹药的市场。因为这些人的存在，猎狼的队伍日益壮大，不是因为狼随处可见，而是因为这是一种健康而有趣的户外运动。”这些农户在外出时猎杀的往往是郊狼而不是狼。在这个过程中，还有数百只兔子、草原犬鼠、穴鸮鸟、囊地鼠和其他小猎物被杀。农户对待这些猎物漫不经心的态度，以及把狼的尸体挂在杆上游街的习惯，都是那个时代的野蛮行为的一部分。如果说有人有所顾虑的话，那也是屈指可数。一个当代的作家，O. W. 威廉姆斯（O. W. Williams）评论说：“要说大灰狼的品质和习惯于人有益的话，我还见所未见。要说它大量消灭有害动物、爬行动物或昆虫的话，我闻所未闻。它是屠杀之王，专业屠牛。或许它也有用途——但那需要一个善于发现的人用高倍率的放大镜才能确定。”

在当代，对狼的空中猎杀看上去不公而残酷，是一种让人难以理解的行为。在北极苔原或冰湖上捕获的狼，人们乘坐手动操纵的飞机靠近它们，并用自动滑膛枪进行扫射。飞机着陆后，猎人收获了战利品。在1972年之前，这种猎杀行为在阿拉斯加州是合法的，因此被广泛实践。在没有掩盖的户外，飞机上的两个人就能捕获10～15只狼——整个狼群——并有条不紊地杀死每一只狼，这也并不少见。在进行防备时，飞行员说要在飞行的飞机上射杀一个移动的目标不容易，而且这样低空低速飞行很容易使飞机熄火。再有，冬天里飞行——在极度严寒中，可能会产生临时性失明，撞上杳无人烟的地区——是很危险的。

飞行员说得对。飞机被袭击了，显然已错失猎杀的良机。当狼抓到了飞机的推进装置，就会导致坠机，人类就会伤亡。但是，总的来说，大都是狼死了，猎人活着，飞行员夸大狼的危险性，引来了更多的客户——而且当公众想要制止这种行为时，他们就开始相信自己的夸张的说辞。更加丢脸的是，猎人－客户通常是富裕的城里人，他们对狼一无所知，对北极一无所知。他们普遍相信，狼有 90 千克重，而且一旦一只受伤的狼躺在地上，它能做的任何动作都是在企图攻击。这种错觉得到飞行员的煽动，他们带走了狼皮，把尸体留在雪地上。在柯策布、毕特斯或菲尔班克斯的笔下，这个故事经过修饰，猎人和飞行员因为勇猛大胆而为人称赞。狼死得如此轻易，而人享有众多特权，这种对比是多么荒谬和悲惨。

人的内心深处有种东西使得他们渴望进行户外活动，就像是需要被鞭策，而猎狼是因为它是一种真正的成功。狩猎是一种根深蒂固的男性活动，尤其是在美国的乡间，没有几个男孩子长大后不想狩猎的。男人们就该追逐打猎，耳濡目染，我自小便开始打猎。我现在依然清楚记得我第一次觉得自己欣赏的男性气概不大对劲，感到这种狩猎活动是陈规陋习。当时，我读着一本关于大型狩猎动物的书，书中杰克·奥康纳（Jack O'Connor）和《户外生活》的编辑讲述了育空河沙洲上突然来了七只狼的故事。奥康纳下了马，开了火。“消耗了大量的弹药后，”他写道，他杀死了四只狼，并且有两个原因让他感到遗憾，“一、那时是八月，兽皮甚少用处。二、我的枪声惊吓了两只大灰熊。”

我无法接受这种说法。

奥康纳在别处写过，他在猎狼中获得最大的满足，来自在大不列颠哥伦比亚的一次猎羊活动。一只狼在一面斜坡上对一只绵羊穷追不舍，当它停下来喘息时，奥康纳举起了枪。“看到步枪的十字瞄准线对准狼的肩膀，是多么可爱的风景。公羊和狼都没看到我。

狼的嘴巴张开，吐着舌头，大口喘气。另一边，羊为这场奔跑逃命感到提心吊胆。当我的步枪射击时，130 火药柱、270 枪弹打中了那只狼的肋骨，它卧倒在地，就像被一锤打晕一样。”

奥康纳代表了美国 20 世纪 20 年代、30 年代和 40 年代成熟的一代男人。他们射杀见到的每一只狼，包括在地势较低的 48 个州中所能见到的狼。尽管他们懂得枪支和露营的所有知识，但是对狼却几乎一无所知，这也是这代猎人的典型特征。他们从不质疑自己作为掠夺者的角色，也不质疑自己在游戏中杀害像狼这样的其他掠夺者的权力。这类猎人自以为是，又愚昧无知，从小耳濡目染了一些故事，如恶毒的狼、无辜的鹿、贫穷饥饿的因纽特人等。正是他们变成了空中狩猎最正义的大声支持者。结果，在这种狂热的制高点，它呼吁着一种责任感（保护毫无防备的兽群，帮助饥饿的因纽特人），呼吁着（为保护无防御能力者允许使用的）暴力，呼吁着一种扭曲的男子气概。猎狼是不是一种运动，这种争论也消失了。一个猎人向一个富有同情心的观众宣传猎狼活动，他眉飞色舞地写道：“在动物旁边不到 30 英尺，狼近在咫尺，当大号铅弹击中一只大黑狼时，我看到它的毛发在风中飞扬。狼倒下了，在地上滚动，四脚乱踢，咬住体侧。其他的狼神色疑惑，蹲伏下来，向上看着我们。汤姆是个狂热的捕狼者，他曾经在空中试着射杀一只狼，结果误打中了飞机的汽缸，飞机顿时急转跃升，最后以让人尖叫的侧滑降落，我们又再次在狼群后面。”

这段逸闻最后以一段自嘲结束。“‘如果我能买得起，’当我们着陆去捡兽皮的时候，特克斯满意地说，‘我就啥也不干，只是飞来飞去，捕猎这些害兽。每次我杀死一只狼，我都感觉良好。’”

当这些猎人戴着墨镜，穿着飞行服，站在电视摄像机面前，假装吃生狼肉的时候，他们只是暴露了自己的愚蠢无知，和对传统狩猎道德的拙劣模仿。

运动猎人和空想社会改良家合并起来，成就了20世纪30年代阿拉斯加的一个有趣的角色。在大萧条期间，很多男人北漂，希望依靠诱捕动物过活。大部分人都过不下去，而一些做到的人在如《阿拉斯加猎人》这样的杂志上介绍了和狼打交道的经验。这些人初到山林时，大都是一无所知的。他们的故事充斥着错误和对狼的残酷，浓墨重彩地描写了对狼的仇恨。他们相信狼在北方（美国阿拉斯加州和加拿大育空地区）攻击和杀害人类，而当叙说狼对鹿的所作所为时，他们却能够泰然自若。“我知道我发现的东西，”一个人写道，“鹿毛、碾碎的骨头、撕裂的组织和血液”，似乎狼还留下了其他东西。《狼杀死了克里斯特·科尔比》《和狼斗智斗勇》和《我迟早会得畸形足》中讲述的故事都是对边疆故事无意识的戏仿，故事中诱捕动物者扮演着警长的角色，一旦看到狼的踪迹，就去寻找左轮手枪。

写了这些故事的男人坚信自己在偏远的村里放哨，实际是在为48个州的人们服务。其中一个人，像在写家书，他说：“尽管我尽我所能去消灭沃德湾禁猎区中所有的狼，但是我确保了其他动物安然无恙。在第三湖泊我的小屋处，夜晚屋顶有紫崖燕跳跃，无忧无虑的驯鹿变得温顺。它们似乎都感觉到狼的数量减少，而人类并无恶意。”

一个名叫劳伦斯·卡尔森（Lawrence Carson）的阿拉斯加的诱捕猎人在追踪一只狼，那只狼已经拖着他的陷阱走了32千米以上，最后在陡峭的山腰上被绳索绊了个底朝天。卡尔森解开了绳索，拍了照片，然后朝狼的脑袋开了一枪。“大灰狼死去了，就像它曾经活过，藐视所有一切敢于挑战它的东西。它的沾满鲜血的一生结束了，但是就算死去，它的威武的眼睛睁着，凶猛的嘴巴张着，露出持续的憎恨。大灰狼，疆土之王——这个称谓恰如其分——死去了。”

但是卡尔森的观点揭示有的人产生了矛盾情绪，因为他继续写道：

“当我看着它毫无生气的尸体时，顿生了一种宽恕感。尽管它曾是挥霍的野生动物毁灭者，不值得怜悯，但是我却莫名其妙地为它的死去感到遗憾。我想问一问，曾是它的疆土的崇山峻岭和高岸深谷，可会怀念它？我想问一问，如果满月低挂，如同火球，松散的云杉可会怀念它的野性的、低音的嚎叫？自然发展，事物一旦被夺取，就无法放回去了。我莫名其妙地感到一种无法弥补的损失。真理再次不言而喻，运动和乐趣并不在于猎杀，而在于追赶。”

那些阿拉斯加的诱捕猎人最终写到他们对狼的喜爱，拆穿狼群杀人的虚假性，也不再鼓吹驯鹿的无辜。他们的读者依旧是同一帮人。有一个人在故事结尾说他愿意和狼一起共度余生，他的原话如下：“我想，比起地球上的其他任何生物，我会更加享受这种高贵动物的陪伴。”

在20世纪60年代，对狼存有偏激憎恨的奥康纳式的猎人逐渐地被开明的猎人所取代，后者提出狼在平衡野外生态系统中的好处，但是他们仍想要把狼杀掉。一个国际组织名叫布恩和克罗克特俱乐部（Boone and Crockett Club），其主席说道："假如能对公众、猎人和保守主义者进行更多的事实信息的传播，那么这种高贵的动物也许能够获得它当之无愧的地位：一种自有妙用、举足轻重的大型狩猎动物。"狼不再是害兽了，狼是大型猎物。有无数这样的辩护。

如果没有飞机，就再没有人会特意去猎狼——因为从地面上搜寻实在太困难了。（不管猎狼是哪种运动，赢得歼灭权大致是在地面上以诱捕动物为生的猎人不得不做的。在严酷的冬季，他为狩猎而孑然一身，长途跋涉。他必须懂得狼的习性，熟知地形地貌。）狼成为一种大型狩猎战利品的动物，意为当人们在捕猎其他动物时，恰好有幸看到一只狼的踪迹。这种猎狼运动一直延续至今。

北美的大型动物狩猎在"二战"后变得流行起来。关于在阿拉斯加、加拿大狩猎运动的传奇故事的著作遍布各地。这些故事的套路如出一辙：作者飞到了北国（美国阿拉斯加州和加拿大育空地区），在向导的带领下四处探索，射杀的动物数量创下新高，然后坐在篝火旁，为狼、印第安人和因纽特人失去了北美最好的猎物而扼腕叹息。人们一致认为狼的数量必须被削减，否则家养兽群很快就会消失。

有一本这样的书名叫《走出育空》，作者是詹姆斯·邦德（James Bond），书中包含了必不可少的狩猎场景和情感色彩。这本书值得一读，倒不是因为它呼吁带着扶手椅去探险，而是因为它为狼所描绘的画像和揭示的狩猎哲理。

有一天晚上，邦德先生坐在篝火旁，他说造成狩猎兽群减少的原因，其实不是狼，而是人们过度狩猎。这话一出，八方支持，接着达成解决方案。这个方案具有两面性："一、为了鼓励更多猎狼陷阱的布置，应增加狼的赏金，并让毛皮商人提高狼皮的价格；二、鼓励所有的猎人当好猎人，所捕的猎物不得超过所需。"

邦德先生在北国的探险途中，两次遇到了狼群。第一次，他没法瞄准目标，但是向导可以。"好吧，我无须告诉你，"他写道，"我是多么想要把那只大黑魔鬼放到我的纪念品陈列室中，但是我很高兴诺曼杀死了它，因为这意味着这个国家又少了一只狼。"

第一次遇到的狼，是向导用狼嚎声诱骗出来的。狼一瘸一拐地靠近，邦德内心想："多么刺激！这些狼没有人的认知。"邦德先生把狼杀了，之后他检查狼的脑袋。"我感到很神奇，这只大狼的头部和颈部有许多巨大的肌肉。这些肌肉只有通过使用才能生长出来——扯开和撕碎我们的狩猎动物……我感到很高兴，这个毁灭之王的死尸躺在我的面前。"一般来说，邦德先生所报告的狼的特征超过了史上对任何一只狼的记载。

人们并非不假思索就把狼杀死，他们自有道理。其中最重要的原因是他们相信自己所做之事天经地义，毋庸置疑。不管人们提出什么观点——狼捕食大型猎物，胆怯懦弱，死有余辜——所有的观点似乎都来源于一个信念，即在自然发展过程中，狼是错误的存在，就像癌症一样，必须被根除。

社会学的一个普遍认识，就是现代人类过着一种严重缺衣少食的生活，对已有生活感到无力，又盘算重返自然，于是狩猎就成了这两者的过度补偿。随着人类走向成熟，传统的狩猎理由——为了获取食物——已不复存在，一同消失的，还有人类和猎物之间的神圣的关系。现代猎人虽然在口头上赞成战士猎人的道德——尊重动物、拒绝浪费、以高度发展的追踪等技能为骄傲——但是口惠而实不至，行为使他原形毕露。奇怪的是，明显没有消失的，是猎人在狼出现时因认识它所萌发的灵性感知。

这是一种能致人死亡的动物，一种富有耐力和灵性的动物，一种和环境充分融合的动物。这正是沮丧的现代猎人想要的：想象的高贵品质；一种可以融入世界的感觉。猎人想要成为狼。

我第一次意识到这一点时，我正在和一个人谈话，他独自开着飞机，杀死了约三十只狼，并且载着其他猎人猎杀了大概四百多只狼。他用手势比出飞机的动作，以及他的行动方针，说着说着，身体也开始动起来，然后摇了摇头，好像在说那是言语无法表达的。对他来说，不是杀戮，而是滑膛枪击中狼的那一刻让他黯然无神——因为狼的四肢从未停止飞跑。在中弹的那一刻，狼还在继续前冲，站稳脚跟，摆脱铅弹的影响。那人的语气中透露出对狼的求生欲望的敬畏，它的骨头和肌肉已经疲惫、它在雪地上洒了一地血，但它还是拒绝倒下。“当狼停下时，你就知道它死了。它从不放弃，直到一无所有。”他好像在说自己在人生中是个永不放弃的人，因为他已经见识过了四百次。

想要成为想象中狼的样子并不有失身份，但是为此而把狼杀死却让人失去了尊严。

第九章
美式大屠杀

在上大学的时候，我习惯去西弗吉尼亚州，到一个人的家中做客。为了维持生计，他养了一些绵羊，还干些别的活计。他和妻子都八十多岁了，每年靠 2500 美元过活，这些钱都是卖羊肉和羊毛得来的。一个冬天的晚上 —— 我正在二楼睡觉 —— 我突然被羊圈中的叫声惊醒。我从被窝里跳了起来，踩着没铺地毯的冰凉的地板，来到窗边。男人的大儿子只穿着底裤，拿着一把手枪就出了室外，想要射击羊圈中的一只黑熊。那只熊杀死了七只羊，然后消失在黑暗中。男人拿着手枪，站在雪中，看着死去的羊，这一幕我从未忘记。

在俄勒冈州东南部有一个盐湖沙漠，沙漠的边缘有一条潺潺的小溪，小溪旁边有一棵杨树。一个夏日午后，我坐在杨树下乘凉，和一个年少时猎杀过狼的老头聊天。最近的邻居离他有好几千米。他仅有一个小窝棚，没有电，没有手机，没有自来水。但是他度过了一年又一年。他是一个边境万事通，他曾放牧牛群，曾在阿拉斯加捕鱼而被困在海岸山脉，也曾在蒙大拿油田工作过。在十九岁的时候，他带着一群狗去达科他和蒙大拿东部猎狼。正说着，他解释了如何控制半野生状态的狗，又说了他们遇到一只狼后所发生的事情，以及在20世纪末这个国家的狼最终被杀光的事情。

为了8美元的赏金，他会上交狼的尸首。假如狼皮上乘，生意繁荣，他会在交易中多得15到20美元。

“天哪，这是一大笔钱。”戴夫·华莱士（Dave Wallace）在那天下午说。他告诉我，要是没有牧童的帮忙，没有饭吃，没有把马喂饱，那他就不可能马到功成。“那是可怕的工作。天哪，那些狗，你不想背对他们。他们会要杀死你。”

当狗朝着狼扑过去的时候，他就会担心要失去多少只狗。“狼无法跑得像郊狼那么快，因此它会走进低地，如干河谷中，等狗把它赶到高处。我乍一看，狼抓住了第一只狗，撕裂了一根肋骨；然后抓住了第二只，把它碾碎。差一点就碾碎了。剩下的狗都冲着狼扑过去，我骑着马来到更高处，用棍棒把狼打死。”

华莱士十九岁时，就离开了蒙大拿。他说从那以后，他就再也没那么喜欢狗了。奇怪的是，华莱士十分喜爱动物，而且在后来的岁月里，他想象自己和动物一样：孤独，被看不起。

在我和戴夫·华莱士谈话几个月后，他去世了。那是一个春天的下午，他正在路上开着小型卡车，突然心脏病发作了。卡车冲进了一片山艾地，最后停在一片旱雀麦地中。卡车就此停住，通过挡风板可以看到牧场的大部分。讽刺的是，华莱士正是为了畜牧业的利益，猎杀了59只狼去获取赏金。

在华莱士去世前的一天晚上，他告诉我达科他的冬季会变得严寒刺骨，在摄氏零下四十度、五十度他会裹着狼皮保暖。“狼可以经受那种严寒，在冰天雪地中行走。天哪，它们是顽强的动物。”我们谈到死亡，我告诉他扎特克人惯有的临终祈祷中，会用狼的尖骨刺进人的胸膛。华莱士看着我，不言不语。似乎他确切地理解了我的意思，这是对一个垂死之人的鼓舞。华莱士没有受过教育，单独住在沙漠的棚屋里，垂垂老矣而人之将死，他笑了笑，像佛教人士领悟了人生之谜那样安详。

19世纪和20世纪初期，美国和加拿大对抗狼的控制掠食者战争，无论在地理范围上，还是在经济、情感规模上，都让其他的杀狼活动只能望其项背。戴夫·华莱士恰好赶上了末班车。德国一个研究狼的生物学家埃里·克泽曼曾经说他完全无法看透这种残酷的屠杀。“在欧洲我们杀狼，”他说，“我们恨狼，但是这和你们在美国所做的相比，就是小巫见大巫。”尽管他是作为一个带有偏见的欧洲人发声，但他是正确的。

17世纪初到北美的移民面对着许多困难。他们确实是白手起家：砍伐木材，建立家园，保障食物，对抗一系列的艰难条件。那里险象环生，毒藤蔓和响尾蛇之类，他们闻所未闻。此外，移民者还得试图了解当地美洲人，既不懂他们的语言，也不知道他们的风俗，而且他们是那么诡秘莫测。对新移民来说，印第安人像云雾一样来去无踪，在难以应对的环境中游刃有余。他们就像夜里悄然到来、偷抓家猪的狼，对人类来说，它虽然自身瘦小，但是并不渺小，因为它把家猪带到了千里之外没有家猪的地方。印第安人在夜里悄然来访，拿走一把斧头，然后就消失得无影无踪。狼和印第安人游走在新移民的田地边缘，数个小时地注视，这让他们感到不安。他们写道，这里的狼不像欧洲的狼那么凶猛，但是数量更多。在移民者看来，印第安人和狼一起成了当地敌意和迫近的危险的象征。冷静下来，他们意识到印第安人和狼仅仅是好奇尚异，却对这种好奇心不知所措。新移民在村庄周围筑起围墙，把狼和印第安人阻隔在外。他们开始射击狼和印第安人。他们在赏金条例中写下“狼皮”，并说攻击村庄的印第安人“像狼群一般”。一则1638年的马萨诸塞州法律规定：“在非必要的情况下，任何在城中开枪的人，或进行对抗印第安人和狼以外的狩猎者，每开一枪将罚款5先令。”

新来的牧师把印第安人和狼等同起来。他们说，这两者都用掠夺来考验人类的灵魂，并煽动移民者不要对他们屈服。移民者确实没有。到了19世纪末期，印第安人的主要食物来源和狼都消失了——两者都被刻意下毒——他们只能依靠存货生存。只要印第安人变成基督教徒，像白人一样生活，他们就会被接受；只要狼变成狗，变成宠物，或者变成雪橇挽具的役畜，它们也会被接受。但是在1900年之前，在美国当一只狼，或者当一个印第安人，是没有意义的。

移民者没有和印第安人打交道的经验，对杀狼也知之甚少。但是因为这两者似乎大同小异，他们开始用相似的方法来对待他们。他们给狼摆放了有毒的肉，而为印第安人准备了感染天花的毛毯。他们突袭狼窝，挖出狼崽，将其摧毁，盗走印第安人的孩子，送到教会学校去接受改造。当他们为杀害野狼和屠杀印第安人被谴责时，他们造谣说莫霍克族人残忍，说野狼生吃了小鹿，引用了古老的等价交换法则。到了19世纪末期，印第安战争的暗语就是狼战争的隐语。谢里丹将军说："我见过的唯一一个印第安好人已经死了。"而捕狼者说："唯一一只好狼就是死狼。"印第安人和狼如果来到一个同胞已经不在的地方，他们就被叫作叛徒。躺在水牛群旁边的狼被叫作浪荡子，而在城堡附近闲逛的印第安人被叫作浪荡印第安人。

当这场迫害过去之后，美国人又开始为谋害印第安人而捶胸悲叹。但是大部分人从不知道也不在乎狼身上发生的事情。两者因为相似的原因被残害。不像我们几乎杀光的美洲鹤和水牛，狼过着一种类似人类的生活，我们对此却视若不见，真可谓怪诞不经。

欧洲殖民者在饲养家禽之后，才备受狼的困扰。在1609年，最先来到弗吉尼亚州詹姆斯敦的家禽是猪、牛和马。到了1625年，这些动物在移民居住地相当常见，如何防止狼偷猎家畜成了社区激烈讨论的热门话题。欧洲农户可能会独自处理掠夺行为，但是在美国，狼的控制是个群体问题，人们因为多种原因而被迫携手合作。人们和邻居一起挖掘狼坑，围起栅栏。他们从事屠杀活动，雇用专业的猎狼人士，就像他们在欧洲所做的那样。他们通过了悬赏的法律。千百年来，猎狼奖金一直是控制狼的方法，在移民时期普遍通用。尽管这在生物学上是无效的，但是在当时很受青睐，因为提高赏金来换得一具狼的尸体是货真价实的，是每日所做事情的真实证据。

美国第一部关于狼的赏金的法律于 1630 年 11 月 9 日在马萨诸塞州通过。更多的赏金法律也相继在弗吉尼亚州詹姆斯敦（1632 年 9 月 4 日）和其他殖民地通过。这些赏金包括现金、香烟、美酒、玉米和给印第安人的毛毯和装饰品。新泽西州 1697 年的一则法律规定："基督教徒猎杀任何动物，并把狼头 …… 带给当地行政官员 …… 将获 20 先令的赏金。"给印第安人和黑人的话，只要一般的赏金就够了；还有让印第安人每年无偿上交 1～2 张狼皮的惯例。弗吉尼亚州在 1668 年通过的一则法律中止了依据各个部族猎人数量上交贡税的规定，而是要求 725 个猎人每年上交 145 只狼。（一百四十年后，在蒙大拿的尤宁堡，贸易公司为了"不引起印第安人的不满"而购买并不需要的狼皮。）

1717 年，科德角的居民尝试在普利茅斯和巴恩斯特布之间的半岛打造一面高六英尺、长八英里的栅栏，以防止狼群撞到牛群，但是这个项目耗费巨资。其他人发明了弹簧式的脂球：一个钢制鱼钩，表面涂了脂油，能和线一起弹起，像弹簧一样回弹。这些脂球散布在狼的周围，吃掉它们的狼会内出血而死。人们布设了很多陷阱。但是这些陷阱太重、太笨拙了，因此并未受到欢迎。有些城镇带来自己的猎狼犬，并指定一只猎犬首领。（硕大的爱尔兰猎狼犬，肩高 91 厘米，体重 54 千克，真是千金难求。在 1652 年，奥利弗 · 克伦威尔曾发布命令：民众喜爱的狗不准出口，因为它们在爱尔兰炙手可热。）

到了 18 世纪初期，各个殖民地都为自给自足而奋斗，畜牧业的需求不言而喻。那些关注羊毛生产的人中有乔治 · 华盛顿

（George Washington）。在他与大不列颠农业学会会长阿瑟·杨（Arthur Young），以及费城农业学会的托马斯·杰斐逊（Thomas Jefferson）和理查德·彼得斯（Richard Peters）的通信中，华盛顿为攻击野犬和狼而叹息，他认为这会“拖慢畜牧业的发展”。杨不理解其中缘由，因为欧洲有狼，而家羊饲养成功。这是美国最后一次向英国寻求建议。

杨无法理解两点：一、在美国有更多的狼和野狗；二、美国不像欧洲那样瓜分田地，而是倾向于坚定地开拓蛮荒之地。在这种情况下，需要更多的牧羊人和栅篱来保证畜牧业。

在19世纪20年代，达科他北部的罗斯岛肉类加工厂悬赏一笔八美元奖金，来购买德国牧羊犬。这是一种当时北方平原上很受欢迎的犬种，经常猎杀牛群，而这些罪名总是由狼来承担。

华盛顿和杨的通信中提及的野狗掠羊之事，很大程度上都被当时的历史学家所忽略，他们和殖民者一样，把所有的犬类掠食都归罪于狼。因为不是狗，而是狼披着邪恶的斗篷，而且很少有人能够区分两者的痕迹，所以在犬类足迹附近，狼要为所有的动物死亡而遭受谴责。如果羊因自然原因死亡——羊类疾病是华盛顿担心的另一件事情——并且尸体被狗吃掉，通常也会被报道成是狼的掠杀。这种错误远非无关痛痒。狼早已不再是新英格兰家禽的重要掠食者，但是仍然会被悬赏捉拿，且因野狗所做的掠食而被谴责。

使事情更加恶化的是，在一个二三十只狼生活的地区，要是有一两只造成破坏，那么所有的狼都会没有例外地被痛下杀手。

在这种压力和骚扰下，在18世纪以前，狼就开始在东北部消失。剩下的少量的狼生活在偏远地区，躲开人类。有一些可能像印第安人一样，在西部扩张之前，就迁徙到阿利根尼山脉。

新英格兰和狼打交道的经验被其他殖民者再度利用，他们穿越东部宾夕法尼亚州、俄亥俄州、印第安纳州和肯塔基州的阔叶林，来到了西部。他们颁布赏金，驱逐狼群，挖了狼坑，放置了毒药和陷阱。在北部的密歇根州和威斯康星州，南部的田纳西州和密苏里州，狼生存得更久。在殖民者涉足大平原的边缘之前，他们一转身，身后数百千米，一直延伸到亚特兰大海岸，几乎没有狼的踪迹。

对殖民者来说，眼前的大草原无边无际，水草丰茂，完全是不同的荒野景象。德·斯梅特（de Smet）把它叫作沙漠，但是对农民的父辈和祖父辈来说，他们清理掉新英格兰的石质土，砍伐了弗吉尼亚州的松树，而看着眼前这片一望无垠的开阔地带，尽是肥沃的黑土地，到处点缀着橡树林，他们感到难以置信。

狼在野外猎杀水牛群。当先驱者在黑森林中出现，来到大平原的边缘时，有那么一阵子，那种想要消灭（并非害怕）狼的迫切态度缓解下来了。

大平原狼是一种和东部森林狼不同的狼，也许就像林地印第安人像特拉华州人，而大平原印第安人像苏族人一样。但是，大平原狼很快就开始频繁出现在早期探险者和先驱者的笔下，形象时好时坏。最大的关注点在于狼的嚎叫，其次就是对其本性的想象——记录下来的、在我们看来可能是天马行空的想象。例如，德国探险家马克西米利安（Maximillian）写到，有一天晚上，大白狼游走在偏远山地，夕阳如同火球，在它们身后落下。马克西米利安就像很多外国游客一样，发现狼嚎声很是讨人喜欢。看到狼在草原开阔地上嬉戏打闹，这让他“开心许久”。他写到狼坐在火光附近，“盯着我们看，似乎一点也不害怕”。

在西部，大部分人因狼的横眉瞪眼感到不安，然后就将其射杀。对狼嚎的一种更加典型的描述，来自加利福尼亚州的自封的登山家、灰熊猎人詹姆斯·卡彭·亚当斯（James Capen Adams）的笔下：“那确实是可怕的声音，是一个夜里单独在荒野的人最讨厌听到的声音。对一个情绪低落的人来说，它让人产生最可怕的幻想，它是极度地让人意志消沉……狼群的悲惨嚎叫远非我所喜；我很高兴发射子弹，让这些怯弱的恶棍落荒而逃。”

至于草原版本的狼，很少得到马克西米利安的欣赏。屡见不鲜的是草原猎人对狼如下的描述：“每一只都是毁灭的化身，有力的口器，锋利的牙齿……人的狡猾。”

在狼的嚎叫和目瞪——有趣的是人们提到了狼的声音，仿佛那是敲响的钟声，提醒那些旅行者，在这片新的土地上，他们孤苦伶仃，无法适应，也提醒了印第安人，他们脆弱不堪——之后，经常提及的就是狼懦弱的本性。一个旅行者写道：“尽管它看上去很健壮，很可怕，很凶猛，但是它却是已知的最大的胆小鬼，就算大量聚集的时候，它们也少有勇气去面对哪怕一个男孩……实际上，我曾踢过它们，用石头和干牛粪剥了它们的皮，但我不知道它们除了可怕的叫声和离开时痛苦的咧嘴之外，还有什么其他危险的特征。”

弗朗西斯·帕克曼（Francis Parkman）在《俄勒冈小道》一书中告诉未来的拓荒者：“它们一点儿也不危险，因为它们是草原上最大的胆小鬼。”

枪支所到之地，狼学会了提防，这使人们指控狼是懦夫。其他人把害羞和胆小混为一体。鉴于即将到来的战争，理查德·道奇（Richard Dodge）上校在1878年写了这些奇怪的话：“这些狼非常懦弱，单独一只狼甚至没有勇气去攻击一只羊。结成群体且饥肠辘辘时，它们终于下定决心去攻击一头公牛或母牛，假如它是完全落单的话。”十年后，畜牧者会把这种文章扔进壁炉中烧掉。顺便说一下，道奇继续写道：“在所有同等大小和力量的食肉动物中，狼对兽类是最无害的，对人类是最不危险的。”

就像马克西米利安一样，道奇也独树一帜。一个名叫比林斯的加拿大猎人在1856年写到，狼“是残酷、野蛮、懦弱的动物，当一两只羊不足以满足需求时，它会为了满足对血的渴望而杀掉整个羊群。我发现它们是最胆小的动物——当被困在陷阱中，或者受了枪伤时，或被围困无法逃脱时，我必然会用棍棒或战斧杀死它，而且我从未遇到任何抵抗。确实，我看见它们展示些许勇猛，如果它们数量众多，紧追一只驯鹿，而我试图把它们赶走的话。但是如果对它们开一枪，它们就会放弃了”。

在1830年的《帕蒂的自述》一书中，我所谓的时代的普遍夸张出现了。帕蒂（James O. Pattie）叙说了在圣菲贸易通道粉碎了一个狼群的故事。“我们判断至少有一千只狼。它们高大壮硕，雪白如羊。”当时所有的奇闻趣谈中，韦伯（C. W. Webber）的《狩猎传奇》或《荒野景象和荒野猎人》可谓其中的佼佼者。据说，德州游骑兵丹·亨利（Dan Henrie）上校被一群狼攻击。当他爬上一棵树的时候，它们就在树下吃掉了他的马，而他用步枪把狼击退了。在一阵血腥狂乱中，狼群相互撕扯，当亨利的步枪掉落的时候，它们都不知那是何物，就嚼碎了枪托。正当一无所获之时，一只落单的水牛吸引了它们的注意力，于是它们离开了。亨利上校从树上下来，生了一堆火，开始烤狼肉吃，以恢复体力。

他们讲述了山区居民吉姆·布里杰（Jim Bridger）的故事。在1829年，他正在比特鲁特山脉的一条小溪里设置河狸陷阱，忽然被狼群惊吓而逃。布里杰朝着最近的树跑去，在被狼抓住之前，爬到了树上。盲目乱转一会之后，所有的狼都离开了，只有一只留下看守。一个小时后，另一只狼带来了一只河狸，让它把树啃倒。

不难猜到，在这些故事中，这种相关的场景为那些参与者增添了一种重要的光环。因此，故事的讲述者并不总是秉笔直书。

当然，大平原上的狼，人们要它们是什么，它们就是什么。因此，嚎叫的狼是波尼人的精神对话者，是传教士的报丧女妖，是马克西米利安的音乐，是孤独行者无眠的噩梦。

最先在大平原上表现杀狼兴趣的是诱捕猎人。他们紧随着刘易斯和克拉克探险的脚步，来到了西部寻找河狸。他们意外地杀死了触发捕食器和排钩线的狼，而到了19世纪50年代，当河狸被杀光之后，他们开始专门猎狼以获取狼皮。在19世纪30年代，一张狼皮大约值一美元；到了1850年，价格就上升到两美元。根据美国皮毛贸易公司下属的密苏里高端服饰公司的记录，在1850年，它们运载20张狼皮到下游，到了1853年，这个数量就增加到了3000张。但是这主要仍是偶然猎杀。杀光河狸的人现在转向水牛下手，在1850年到1880年间，他们杀死了750万只水牛，通常是为了获取牛皮。这些不可思议的猎人为狼提供了取之不尽的肉。当狼习惯跟从水牛猎人的脚步，将水牛尸体生吞活剥时，猎人开始为了好玩而杀狼；只有在完成猎杀水牛的工作后，他们才会慢吞吞地剥下狼的皮。

19世纪40年代、50年代和60年代，淘金热方兴未艾，为了运输矿石和物资，卡车司机、马车夫和骡夫纷至沓来。冬天，马车出行不便，这些男人无所事事，就开始猎狼。捕猎水牛需要四处寻找水牛，并和其庞大的身躯搏斗，与之相比，猎狼就是手到擒来。捕狼者只需撒出马钱子碱，就可坐等收拾狼尸，两美元一张狼皮。

到了1860年，来大平原的人络绎不绝，寻求暴富，渴望杀戮。能挣到钱的是少数，绝大多数人愿望落空，只能帮人看管牛群，给人修建铁路，替人圈围栅栏，占有其他人矿井中的矿石。有些人从事专业猎狼，以获取资金。起初，财源仅仅来自狼皮，后来也来自赏金。1865年后的三十年，他们几乎猎杀了所有的狼，从得克萨斯到达科他，从密苏里到科罗拉多。但是他们中的大部分人依旧贫寒，在边境的不同工作中跳来跳去。

冬季是毛皮的旺季，一个捕狼者要花 150 美元购买装备，包括食物、衣物、马车、马匹、炊具、步枪、削皮刀和必备的马钱子碱，常以结晶镍的形态存在。做了这些投资之后，猎人可能还要为 3～4 个月的工作再花费 1000～3000 美元。对金矿工人和土地投机者来说，他们没有优先权和继承权的概念——狼就像金子、土地、水牛一样，可供自由猎取。

捕狼者的生活墨守成规，日复一日。他下午出行，射杀 2～3 只水牛，在尸体上掺入马钱子碱。次日一早，他回到原地，收取 10～20 个受骗者。一个捕狼者罗伯特·派克（Robert Peck）在一本杂志上留下了当年的记录，内容后来被乔治·伯德·格林内尔（Bird Grinnell）编撰成《猎狼者》一书。派克 1861 年从陆军退伍，他和两个朋友在堪萨斯州的拉恩德堡北部 40 千米处设立了一个猎狼营地。一个冬天，他们猎杀了 3000 只动物：800 只狼，2000 多只郊狼，和约 100 只狐狸。野生动物不可计数（生物历史学家认为，在这个时期，大平原的动物种类丰富，举世无双），营地外不到 16 千米，就能猎杀美洲鹤、驯鹿、羚羊，还有其他小型的充当食物的猎物，和充当诱饵的水牛。1862 年春，在拉恩德堡，每张狼皮可带来 1.25 美元的收入，郊狼皮每张 0.75 美元，狐狸皮每张 0.25 美元。三个人分摊了 2500 美元。

上百家类似的团体在随后几年猎杀了数不胜数的动物：水牛、河狸、羚羊（剥下的里脊肉可卖 0.25 美元），和其他吃了毒肉的动物——雪貂、臭鼬、鼬鼠、老鹰、乌鸦和熊。“印第安人对捕狼者尤其反感”，J. H. 泰勒（J. H. Taylor）在《捕兽夹二十年》一书中写道，“中毒而垂死的狼和狐狸常常会流出口水，经太阳暴晒后，有毒物质长期留存在草地上，几个月后在此吃草的马驹、羚羊等动物，常常会中毒身亡。这样失去家畜的印第安人想要实施报复，且常常会付诸实践。”

猎狼取皮的时期——大部分被船运到俄罗斯和欧洲制成大衣——恰恰是畜牧业发展的时期，这注定了狼的末日命运。在1857年秋天，一群公牛见弃于人，在科罗拉多牧场上自力更生。到了来年春天，人们发现它们长得肥壮健硕，由此才知道美国内地大草场的商业价值。一种新的产业开始奠定基础，后来发展为19世纪80年代西部最重要的经济活动。富有创业精神的畜牧者大量低价收购辽阔无边的牧场。土生土长的食叶动物和食草动物取代了牛群。到了1870年，大部分的捕狼者都在为牧场主人打工，猎杀那些因找不到水牛转而杀害家畜的狼。

在1875—1895年间，大平原的猎狼达到了巅峰。受到国家和地区政策的鼓舞，受到畜牧者协会、猎狼赏金和毛皮市场价值观的刺激，而且还有可能被聘用为获得薪资的捕狼者，因此成千上万的人购买了不计其数的马钱子碱，在牧场上混乱地奔走。他们把毒肉放到各个角落，有序成线，长达241千米。有些更加疯狂的人射杀小鸟，小心翼翼地在其胸骨的皮下涂上一层马钱子碱溶液，然后将其散布在草原上。牧场的狗死了，小孩死了，很多吃肉的动物都死了。人类的贪婪、毒药的唾手可得，以及对后果不加思索，引发了一场大浩劫。

当时的历史学家斯坦利·杨写道：“除了对旅鸽、水牛和羚羊的屠杀，马钱子碱行动带来的破坏……在北美几乎是前无古人后无来者。牧场上有一种不成文的规定，牧场主每经过一具尸体，必定要在其体内注入马钱子碱，以便多杀一只狼。”

颇具讽刺意味的是，马钱子碱首次抵达西方，是在一艘去往南美的船上——直到船员听说了弗吉尼亚州的淘金热。

从1850年到1900年，大平原上有多少动物被猎杀，没人知道答案。如果把猎水牛取毛皮、猎羚羊取里脊、猎旅鸽来打靶和（白人为了贫困化印第安人）猎印第安马驹算入在内，可能有五亿的生灵丧生。也许有100万只或200万只狼。这些数字已经没有意义了。

在畜牧业大力发展之后，大平原上有多少只狼存活，问题也同样难以回答。一个需要牛排的国家必须控制狼的捕食，必须把狼杀掉，没有其他更好的方式。但是这没必要杀掉最后一只狼，而实际上却这样做了。我记得曾经问过一些因纽特人，如果他们饲养驯鹿，他们会怎样处理狼。他们会把狼群消灭掉吗？他们说，不会，你必须容忍一些捕食家畜的行为。他们说世间万物都要遵循自然的力量，原话如下：“我们知道它不会百分之百地偏爱我们。”

狼并非畜牧者唯一的问题，他们还要应对天气、疾病、偷猎、牛排的价格波动、车道的危险因素和大型运营的消耗。但是越来越多的畜牧者把经济赤字归罪于狼。你不能够控制暴风雨、牛排价格，也不能防止口蹄疫病，但是你可以把狼杀掉。因为没有人在乎狼，没有人想对其进行限制。于是，就像怒火中烧的男人敲打桌子一样，狼被无情敲打，直到一无所剩。

在一段蒙大拿州畜牧工业和灭狼的历史中，爱德华·科诺（Edward Curnow）评论说，在1878年前，比起狼来，畜牧者更加担心印第安人杀害他们的牛群。但是，随着这片土地上填满了其他的农场主，随着用水权利变成一个问题，随着印第安人被安置到专用地，狼就变成了科诺所说的“病态仇恨的对象”。

在19世纪末期，蒙大拿是大平原上畜牧业的中心，狼在这里得到的待遇，和在达科他、怀俄明和科罗拉多一样。

第一部猎狼赏金的法律于1884年在蒙大拿州通过。该法为一只死狼悬赏一美元。第一年，有5450只狼上交获赏；在1885年，有2224只上交；次年，又有2587只上交。畜牧者因那些年牛排高价而获益，又有东部汇入的大量投资资金，从而财大气粗。他们相信狼的问题会逐渐消失，最终不值一提。1886年到1887年的寒冬，95%的牛群被冻死，投资者很快改变主意。公有土地允许自由放牧的日子结束了；冒险投机的资金也干涸了。畜牧者以前都懒得走到牧场查看牛群，现在忽然开始细数每一头奶牛，每一头阉牛。1887年，由矿产利益驱动的立法机构废除了猎狼赏金的项目。可想而知，畜牧者怫然不悦，陷入恐慌，立刻发动一个宣传运动来恢复法律。狼的数量已经很少，没人愿意猎狼只为取其毛皮。需要有赏金来做奖励。运动的关键是一系列的报纸社论和广泛发行的小册子，其中强调了狼给国家经济造成的损害。立法机构抵制得越久，这些言论就变得更加愤怒。到了1893年，立法机构最终妥协了，而绝望的畜牧者所报道的损失，在数学上是不可能的。

这种夸张的影响迅速传播。此时，牧场的动物更多是被熊和美洲狮所猎杀，但是蒙大拿的绵羊产业开始把所有经济下滑的趋势都归咎于狼。1899 年，立法机关把猎狼赏金提升到 5 美元。人们外出猎狼，长驾远驭，四面奔走，甚至远达比特鲁特山，而那儿的狼从未见过牛羊。在 19 世纪 90 年代，狼的数量锐减。很多畜牧者自欺欺人，记录了狼的危害，最终也对这种杀戮感到厌恶。以前农场主不敢不支持关于狼的危害的言论，尽管他们个人的感受是相反的，因为担心在围捕的时候没人帮助。而现在，人们公开宣布这已经够了。1902 年，立法机关第一次向畜牧者征税，以支付持续增长的猎狼奖金支出，当年赏金达到 16 万美元。这让更多畜牧者望而却步。1903 年，赏金下降到 3 美元，看起来似乎一切都结束了。

但是最难以置信的章节还有待揭开。

到 1905 年，蒙大拿州狼捕猎家畜的行为有所减少，但是一个心怀不轨的畜牧者，无法容忍任何损失，执迷于狼夺走了他们口袋里的钱的想法 —— 真正让他们感到屈辱的是“有人”在他们的土地上免费居住 —— 不但使赏金回升到了 10 美元，而且还通过了一部法律，要求国内所有的老兵用疥螨来感染狼，然后将其释放。畜牧者每猎一只狼，可从立法机构获得 15 美元赏金。尽管这引发了道德愤怒，尽管这起不到作用，尽管在一些县城，联邦政府因家畜传染病而禁止了食用牛类，但是这个项目还是继续了十一年。

1911 年猎狼奖金提升到 15 美元，但是就像 1905 年提到 10 美元一样，已经无法捕到更多的狼了。这种动物可以说真的被消灭掉了，到了 1933 年，蒙大拿的赏金法律被废除了。

回看美国历史的这段时期，很难理解是什么驱使人们为所欲为，尽情杀戮——这些都远非必要。在蒙大拿，从1883年到1918年，共有80730只狼上交，获得赏金342764美元。

在北美所有的野生动物中，没有什么比狼更卑鄙。没有卑劣、叛变、残酷的底线，是最堕落的动物。它们是地球上唯一一种残食同胞、吞噬同伴并对杀戮习以为常的动物。我曾经得知一只公狼杀害了和它一起生活了一年的母狼，并把它的尸体吞得残缺不全。

当狼被捕后，不管畜栏多舒适，食物多丰富，它依然会花数个小时以观看、哄骗隔壁笼子里的邻居，然后出其不意地抓住其尾巴或爪子，毫不留情地把它咬断。但是当面对有抵御能力的敌人时，每只灰狼都是讨厌的胆小鬼，除非是被逼到了围栏的墙角里，它甚至不会留下来保护自己的幼崽。

威廉·T. 霍纳迪（William T. Hornaday）

做投机生意的人想要畜牧业为他们的经济损失推出一只替罪羊。牧场工人随时准备且迫切渴望把狼杀掉。有一种感觉是，只要有人外出杀狼，那么事情就定会变好。狼的同情者甚少。西部经济扩张史的特征就是改变和摧毁一切挡路的事物，狼的灭亡就是这个显而易见的目的的牺牲品。

总的来说，从19世纪80年代至19世纪90年代，杀狼的人群是漂泊不定者，他们对改善境况、控制土地权和狼的食尸本性许下空头承诺。本·柯宾（Ben Corbin）曾经以杀狼为生，后来成了边境杂工，他在一本私人刊印的册子《狼猎人指引》中写到了猎狼的知识。在数百篇类似的回忆录中，它尤为突出，因为它事实上甚少涉及杀狼，更多的是《圣经》、自由贸易、民主生活的特权和狼的行径之卑鄙下流。它道出了那个时代的敏感，充斥着糟糕的生物学和幻想的计算。比如，柯宾写道，在1897年至1898两年间，在达科他北部有15211只狼上交获赏。他继续论述："达科他北部有127500只狼，假如每日食用0.9千克牛肉，每0.45千克牛肉5分钱，那么一年喂狼要用881475只阉牛。每只阉牛454千克，共耗费44070750美元。在1900年6月4日后，狼的数量将比所有的家畜还多。

假如狼的数量在未来三年没有增长，它们所吃按照如上方法计算，那么三年总共消耗132212250美元，远远超过国家预算的114334428美元。

假如每个人杀死100只狼，那么要在一年之内把所有的狼杀掉，需要12075个人手。在1900年5月1日后的三个月，将有862500只狼出生，即每日有9583只狼出生。

假如这个夏季杀掉50000只狼，明年以其增长率来杀狼，那么在达科他北部还会有5208750只狼流落荒野。"

柯宾的无知只能当作笑谈，假如这种推理没被包括国家立法机构在内的那么多人当真的话。

柯宾向他的读者建议，狼农业——养狼以获赏金——是一种补充收入的好方法，且坦然承认圈养狼崽，而留下母狼来年再度哺儿是赏金猎人的惯常做法。

在 1883 年抵达达科他领地之后，柯宾声称自己是“腰带上别着 80 只狼的头皮”的男人。他把狼说成是国家的敌人，“还有比日夜不休地向国家主要产业开战更大的敌人吗？”对柯宾来说，一切事物都需指定一个经济价值。尽管他所告诉你的杀狼技巧，不过是一般商店里也能听到的常识，但是他还大言不惭地说：“我献身于狼，做过研究，付诸实践，写好记录。我把自己耗费多时所学的知识告诉他人，我相信我应该为此获得报酬。”

可能在柯宾冗长、凌乱的自述中最发人深省的是这些话：“当我载着猎狼装备，驶过俾斯麦城，向那个大都市里睁眼打量着我的市民展示我的工作成果时，我成为关注的焦点，就连一个一手拿着黄金袋、一手拿着宪法的政客也会为之感到自豪。”

柯宾是个怪人，也是一个狼猎人。社会和法律没有限制他对狼的所作所为，而畜牧者期盼着他大有作为，因此在杀狼方面，他可谓为所欲为。但是，假如要把坏人揪出来，我认为应该把目光投到柯宾背后的农场主，是他们雇用了他来做自己羞于去做的事情，因为他们知道柯宾不把狼杀光，绝不罢手。

进入 20 世纪后，猎狼者开始把自己当作国民英雄，当作拯救者。若是没有他，这个需要牛排、需要羊毛的国家就无法运作了。随着对他的服务需求的减少，他更要宣称狼是狡诈、恶毒的敌人，只有他能将其追踪、猎杀。因此，他对雇用他的农场主的愤怒言论表示支持，哪怕他内心知道那都是无稽之谈。

许多人受到赏金吸引而参与猎狼，这能带来金钱和尊重。1886年的一篇文章《田野和小溪》赞美了一次开展的探险，说有个男人“啥都没有，但有的是时间，他在黄石县开展了为期一周的猎狼，结果收获了 9 张狼皮和 26 张郊狼皮”。为此，该男子得到狼皮赏金和佣金 118.50 美元。这次活动被描述成“富有趣味”，仅需花费 5 美元的马钱子碱和一点时间。猎狼所用的诱饵是在牧场上捡到的一具动物尸体。

这种生活所吸引的，大都是很少受过正式教育、对人生何去何从感到迷茫的人。很多把自己想象成富有学识的户外人士，其中有些的确博学，但是大多数对动物的理解，就像他们对埃及金字塔的理解那样贫乏。在一本关于布设猎狼陷阱的小册子中，有一个温馨提示是：活蹦乱跳的狼崽“不该空手去捉，以免被它咬到，导致血液中毒”，而且还建议在工作时身穿棕色金丝绒套装，以便与环境融为一体。

他们缺乏生物学知识，容易受到博闻多识者的批判，因此他们建立了一个团体。当畜牧者质疑他们对狼的看法时，他们往往虚张声势，有种欧文·威斯特（Owen Wister）笔下弗吉尼亚人的那种漫不经心。那些年间，他们最反感的是受过大学教育、初到野外的生物学家，对这些生物学家不屑一顾。悲剧的一部分——这的确是悲剧——是不偷羊的狼经常被人猎杀，这些人也不过是想要向别人证明自己并不傻。

联邦政府在 1915 年通过了一部法律，规定要为联邦土地上的灭狼行动提供资助，此后情形在某种程度上有了急剧的转变。数年来，畜牧者在公共土地上放牧牛羊，获取少量津贴，他们纠缠政府利用公费派遣杀狼猎人。有了125000美元的专用资金，政府在1915年7月1日聘用了第一个杀狼猎人。自那时起，到1942年6月30日项目终止，这些猎人总共杀掉了24132只狼，大致都在科罗拉多、怀俄明、蒙大拿和达科他西部。这个灭狼项目甚至把国家公园也包括在内。

政府猎人与上一辈的暴发户赏金猎人不同，他们受雇于联邦政府，头脑清晰，做事认真。他们接手工作时，剩下的狼大都能识破陷阱，又过分怕人，因此有时需要六个月才能抓住一只狼。

但是，早在1910年，狼的数量逐渐减少，这为内行的狼猎人创造了高酬劳的工作。在19世纪80年代的2美元、3美元赏金现在已经上涨到了150美元——这是1912年科罗拉多中北部的宾塞斯河畜牧者协会为一只成狼所出的价格。一个在大牧场工作的陷阱猎人除了伙食以外，一个月可拿到200美元的薪资。此外，每杀死一只成狼，他就可以从雇主那儿得到50美元，每只狼崽则是20美元。除了畜牧者协会提供的赏金，他还可以从县里领取5美元，从州领到10美元。该地区的一个捕猎能手比尔·凯伍德（Bill Caywood）在1912—1913年的冬天猎杀了140只狼，单是协会给出的赏金就有7000美元。

凯伍德深受当时户外人士的尊崇。他是联邦政府为该项目雇用的第一个人，也是生物学调查（内政部的先驱）最负盛名的猎人。“比尔·凯伍德老大，”1939年发行的《户外生活》中有一篇简介如此写道：“拥有野蛮的机智，如猎牛的林狼，如此善于工作，别人无活可干。”凯伍德因为猎杀一些最难对付的亡命之狼而受到赞誉，它们全都藏身在科罗拉多：挖掘工“拉格斯”、屠夫狼、“绿角灰”狼，还有凯斯通狼群。但是，那些钦佩者之所以把他当成英雄，是因为他把所有的赏金收入都投资到土地上，摇身一变成为一个成功的牧场主人，就像霍雷肖·阿尔杰（Horatio Alger）笔下的惯常角色。这是一个无比明智、彻底成功的美国故事。差点忘了说，凯伍德在春日里常常把自己的儿子放到狼窝里去抓狼崽子，还有那些赏金欺诈，凯伍德之流认为这无伤大雅。

赏金欺诈而逍遥法外，尤其是欺瞒狩猎警官，这被当作是猎狼的一部分，是狼猎人最初为人类服务而补贴不足所催生的产物。达科他南部皮尔市的国家渔猎办公室悬挂了一则标语，内容如下：

我们，乐于
被无知领导
做人所不能
为不知感恩者。
我们做得已够多
已许久
却所获甚少。
我们现在能够
去做任何事
却丝毫不取。

——陷阱猎人

如果领取赏金，要求上交狼的耳朵作为证据，那么就有狗的、狐狸的、郊狼的或山猪的耳朵混在其中。又或者，狼的耳朵已在一个县上交了，鼻子又在另一个县上交，这样就能领取双倍的赏金。有时上交的证物从后门流出，然后又到别处——甚至是同一处上交。道路事故的狼也被拿去领赏。獾的鼻子也被上送了。违规的做法层出不穷，杜绝欺诈的努力也数见不鲜：比如，立誓不会刻意留下母狼性命，以期它在春季产下狼崽拿去受赏；又比如，当着悬赏人员的面切断狼的耳朵、鼻子或尾巴。在华盛顿，必须把整只狼上交，在两个法院官员面前砍下并烧掉它的右前腿的骨头，之后才把毛皮还给陷阱猎人去出售。但是这还是无法阻止一些人，他们把耳朵带到艾奥瓦州，或者把毛皮寄给在俄勒冈州的朋友，在那里被登记，并领取赏金，然后又还给猎人去卖给毛皮商。1909 年联邦政府对一些州表示同情，它们的财政收入每年都会被赏金夺去数十万美元。政府发布了政府猎人弗农·贝利（Vernon Bailey）的小册子《狼和郊狼赏金支付的关键》来帮助州官员辨别合法和非法的认领。

政府猎人不能领赏，因此不大可能参与这种事情，也更少夸大狼在偷猎家畜中的角色。随着联邦政府的干预，欺诈的概率下降了，对狼的抵触情绪也缓解了。在 1916 年，在蒙大拿畜牧协会的一次演讲中，沃利斯·修德卡波（Wallis Huidekoper）最终说出了农场主早就烂熟于心的事情："杀害家畜的狼仅是一个地区内的一小部分个体，这是众所周知的事实。"但是到了这种看法变成一个学术观点时，狼已经无迹可寻了。自从这个特殊项目开始，在九个月里，蒙大拿的政府猎人仅仅发现并猎杀了 6 只狼。

政府猎人办事有条不紊，一派官僚作风。他利用毒药来杀害一批最好对付的狼，然后采用钢夹和奇特的策略来捕捉那些难得手的狼。他所使用的陷阱最初是在 1843 年由斯维尔·纽豪斯（Sewell Newhouse）设计、由奥奈达·康缪尼提（Oneida Community）生产的。纽豪斯本人把这个陷阱预设为文明的象征，并推荐把它融入国家的印章之中。在他的著作《陷阱猎人指引》中，他说这种陷阱设在斧头、犁的前面，"有了它，铁甲文明就可以战胜野蛮的孤独"，迫使狼放弃"玉米地、图书馆和钢琴"。

无论政府猎人对这种说辞有何看法，他们对他的陷阱只能大加赞扬。纽豪斯的 #4½ 捕狼钢夹重达 2.38 千克，且有平滑的钳口。在 20 世纪之前，这就是标准的狼夹，直到后来被纽豪斯的 #14 所替代，这种多钳的陷阱能把狼牢牢钉住。后来为了适应阿拉斯加狼的长肢，又开发了一种 #114 狼夹。这三种狼夹都有六尺长的钢链连接着挂钩。这种陷阱布设在地表下的洞中，再小心盖上泥土，直到完全隐蔽起来。要是把陷阱布设在狼可能走过的地方，就叫盲布；要是放在腐肉附近，就叫诱布；味布则是在石头或灌木丛旁边撒下一些香喷喷的家常杂菜。水下或潮水布偶尔才用，但是假如没有频繁检查，就会把毛皮浸坏。

在 1900 年之前，马钱子碱被认为太过危险，不能使用。当时，布设陷阱比射杀一头水牛或把一把毒药塞在它的口中还要难。你必须找到合适的地点，布设一个可以猎狼而不是猎獾的陷阱，而且还要确保这个陷阱不会被水牛触发，也不会被一场阵雨破坏。有这么多苛刻的要求，可想而知，专业猎狼人员并不多见。

政府猎人不是在打理陷阱，就是在寻找狼窝。春天里刚生的狼崽被挖掘出来，勒脖而死。尽管他们找到狼窝的诀窍值得称赞，但是残害狼崽的行为令人作呕。“我已经做过多次，”一个猎人这样写道，“但是在现阶段，除了猎杀狼崽，我没有做过别的背道而驰的事情。这些狼崽是潜在的谋杀犯，但是这时它们仅仅是毛茸茸的、友善的小家伙，蹭着你，并发出愉悦的声音。我们两个都感到有些愧疚，但这是我们的职责所在。”

政府猎人试图捕获最后的“流亡之狼”，民众因此也对猎狼战争怀有广泛的兴趣。畜牧协会对这些狼的存在大吹大擂，仿佛它们是犯罪天才，需要全民关注。但是事实上，很多狼仅是某些地区最后仅剩的个体，那儿除了水牛以外，所有能吃的东西都已经消失殆尽。有些狼的确臭名昭著，它们数年来小心翼翼、有条不紊地搞破坏，似乎是对农场主的刻意挑衅。有的狼一生可摧毁价值10000～20000美元的家畜，而且极难捕捉，因而声名在外。

奇怪的是，这些逍遥法外的狼很多都是白狼，比如俄勒冈州锡坎沼泽的锡坎狼、蒙大拿犹滴盆地的雪堆狼和小落基山的幽灵狼、达科他南部的松岭狼和卡斯特狼，以及科罗拉多州熊泉台地的老白。据说其中很多都出生和居住在印第安人保护区——普莱尔溪狼在乌鸦禁猎区，小落基山的幽灵狼在贝尔纳普堡禁猎区，雪岭狼在雪岭禁猎区。这些狼中许多触发过陷阱，被夹掉了几个脚趾，还有一只是科罗拉多的“烧洞的左撇子”，只有三条腿跑来跑去。

在所有的狼中，达科他南部哈丁县的“三趾”是最出名的。据斯坦利·杨所说，十三年间有150人试图捕获“三趾”，直到1925年，一个政府猎人终于将它逮住。畜牧者说它毁掉了价值50000美元的家畜。

这些动物每死一只，就会有一些游行、宴会、演讲和刻字金表的奖励。

关于亡命狼或叛逃狼的故事，最让人唏嘘的是新墨西哥州北部的两只狼，分别叫克朗普和布兰卡。这两只狼于1894年被自然主义者欧内斯特·汤普森·西顿（Ernest Thompson Setton）捕获。

西顿被一个农场主朋友叫来，他尝试了各种他所能设计的陷阱，但都徒劳无功。每一次，克朗普狼都会把陷阱挖出来，直接从上面跳过去，或者直接忽视它们。

一天夜里，西顿准备去布设终极诱捕陷阱："按照一个老陷阱猎人的提点，我把奶酪和一只刚杀的牧牛的肾放在一起，用一个陶瓷罐子炖煮，然后用一把骨刀切割，以避免金属气味。当杂糕放凉以后，我把它切成大块。我在每块杂糕的一侧开了小洞，并注入大量的马钱子碱和氰化物，这些毒剂装在一个胶囊里面，无气无味。最后，我用小块的奶酪封住洞口。做这些事的整个过程，我都戴着在母牛热血中浸泡过的手套，处理诱饵时屏气凝神。在一切准备就绪之后，我把糕块放在一块用血液浸泡过的生牛革中，然后骑着马，用绳索将牛肝和牛肾一路拖行。我走了有5千米路，每2.5千米就扔一块诱饵，并且要小心翼翼，不要用手去触碰任何东西。"

西顿谨小慎微，神秘行事，这种学问被狼猎人津津乐道。克朗普狼接连吃掉了4个诱饵，中毒而亡。

那只母狼布兰卡最后在1894年春天被一个钢夹夹住。西顿和一个同伴骑着马靠近，"接着就是不可避免的悲剧，自那以后，我都避免这样想。我们俩分别为这只垂死的狼套上了颈绳，然后又驭马往相反的方向拉伸，直到血液从它的口中喷涌出来，它死不瞑目，四肢僵硬，蹒跚倒下”。

流亡之狼

达科他北部哈丁县的三趾狼

科罗拉多熊泉台地的老白

科罗拉多莱恩县的大脚

亚利桑那的特鲁克斯顿狼

新墨西哥北部的罗博，克朗普之王

达科他北部松岭的白狼

科罗拉多主教布拉夫，挖掘工格拉斯

阿肯色中西部的行者

马尼托巴弗登的弗登狼

科罗拉多烧洞的老左撇子

达科他南部库思特的库思特狼

亚利桑那西部的亚圭拉狼

怀俄明夏延的科迪的俘虏

达科他北部梅多拉，芒廷比利

俄勒冈锡坎沼泽，锡坎狼

科罗拉多无泪峡谷，皇后狼

曼尼托巴卡伯里，野牛黑行者

科罗拉多南部，绿角狼

科罗拉多，阿皮沙帕的三趾

萨斯喀彻温，卡佩勒，纳特湖的狼人

怀俄明中西部的裂石狼

蒙大拿犹滴盆地的雪堆狼

蒙大拿东南部的普莱尔溪狼

南达科他东南部的松岭狼

蒙大拿中北部，小落基山的幽灵狼

母狼的尸体被带回牧场。公狼放下了惯有的警惕，一路尾随，次日踩到了牧场附近的一个陷阱。它被链条锁住，当晚留在原地，次日一早就被发现死亡，没有一点儿伤痕，也没有挣扎的痕迹。西顿被眼前发生的事情深深打动，把它的尸体放在布兰卡隔壁的棚架上。

杀死克朗普狼的人，可获得一千美元的赏金，西顿从未说起他是否拿了。（1924年《女性家庭期刊》上刊登了赞恩·格雷讲的一个"追狼人"的短故事，其中的主人翁布林克将一只狼追至筋疲力尽，之后就将它勒死。他得到了五千美元的赏金，并用几句话赞美了狼的高尚，批判了人类的拙劣，然后骑马走了。）

流浪的狼被抓住之后，政府猎人就转向了其他的捕食者。没有人知道最后一批狼消失的具体时间，但是到了1945年，就只有零星的流浪者了。有几只墨西哥狼逐渐向北迁移，去了南亚利桑那和新墨西哥。有几只大不列颠哥伦比亚狼向南迁移，到了华盛顿北部和爱达荷。洛基山北部的一些狼则来到了蒙大拿的国家冰川公园，也有少部分下到比特鲁特山。但是除了明尼苏达州北部的小块地方，和在苏必利尔湖的罗亚尔岛零星住着几只狼之外，在地势较低的48个州就没有灰狼了。

从未有过像这样的杀戮。

北美猎狼战争最后的行动于20世纪50年代在加拿大上演。

临近美国的安大略区域，和大草原省份的南部区域很早就加入了美国的猎狼战争。安大略在1793年设置了猎狼赏金，亚伯达在1899年，大不列颠哥伦比亚在1909年。在1900年以后，因为猎狼赏金的原因，在明尼苏达州西部，加拿大狼的数量开始稳步下降。到了1948年，注意力就转移到了西北领域，在那儿的贫瘠土地上，北美驯鹿的数量正在下降。联邦政府和省政府人心惶惶，立即开展了有史以来最周密有序的猎狼项目。

从未有人提及，驯鹿数量下降，原因不外乎人类的过分猎杀，但是人们还是决定大量猎杀狼群，因为当时的情形非常危急。在1951年到1961年期间，共有17500只狼被毒害。在1955年，加拿大北部有狼的地方都设有毒药诱饵基地（其中有些给狼的尸体下毒），飞机为这些基地服务，每年捕获的狼可达2000只。有人尝试把诱饵布设在不会伤害其他野生动物的地方，尽管如此，从1955年到1959年期间，在一个地区，除了3417只狼以外，还是有496只红狐、105只北极狐和385只狼獾被杀害。

驯鹿的数量恢复之后，这个项目就被终止了。

在1948年，北部鹿群的数量开始减少的时候，显然有一些狼迁移到了亚伯达、萨斯喀彻温和曼尼托巴，亚伯达兽医服务分部宣称，需要一项抗狂犬病运动来保护人们免受狂犬病狼的伤害。在公共健康项目的支持下，不计其数的毒药被发放出去：39960支氰化枪，106100个氰化弹药筒，还有628000枚马钱子碱子弹。氟代乙酸钠毒药诱饵站从1951年的25个增加到了1956年的800个。被杀掉的狼不计其数，被杀掉的郊狼有246800只，但是在那期间，只在

1952年诊断出一只狂犬病狼。

大不列颠哥伦比亚设立了一个捕食者控制部门，表面上是为了帮助南方的牛群牧场主，但是在专业向导和运动用具商的压力下，它把其主要精力都放在北方，那儿的狼猎杀大型猎物。

在20世纪50年代中期，西部各省的猎狼赏金下调，支持派遣省聘猎人到被证实有问题的区域。安大略在1972年降低了猎狼赏金，魁北克则是在1971年。在1935年到1955年期间，大不列颠哥伦比亚约20000只狼被悬赏；在1942年到1955年期间，亚伯达约有12000只；在1947年到1971年间，安大略大约有33000只。

在20世纪70年代，魁北克鹿的数量下降，这触发了一场轰轰烈烈的反狼运动。不列颠哥伦比亚省的沿海地区是另一个猎鹿的区域，那里的反狼情绪至今依旧强烈。在育空地区，向导和运动商抱怨狼骚扰了他们（在王室土地自由放牧）的马和（人为引进的）麋鹿，这在当地促成了一个控狼项目。在大不列颠哥伦比亚的东北部，向导为了保护客户尊贵的戴尔绵羊，显然还保持着一个私密的毒狼项目。

但是，目前加拿大的狼似乎相当“人丁兴旺”。加拿大迅速进入大型猎狼战争，又匆忙退出。加拿大的大部分地区依旧甚少住户，在这些地区，狼的数量已经从毒药运动的影响下恢复过来了。

阿拉斯加在1915年设立了一项猎狼赏金，但是在接下来六十年，在那里被杀害的狼似乎没有影响狼的总数，总数一直维持在5000～10000之间。另一方面，墨西哥的狼的数量在过去的三十年间急剧下降。家畜行业已经拓展到了曾经的有狼区域，猎人们已经减少了狼所吃的鹿、大角羊、羚羊的野生动物种群。大牧场的主人对墨西哥保护狼的立法视若不见，除了在一些孤立的小片地区之外，墨西哥狼存活的希望渺茫（有一个这样的地方就是杜兰戈南部，那里的狼被特佩华南印第安人保护起来）。

难以置信的是，无节制的暴行是美国杀狼运动的一部分，这种暴行在美国控制“灌丛狼”即郊狼运动中被继续大力发扬。农场主驾着直升机，带着霰弹猎枪去猎杀这些动物。狼窝被炸毁。狼口被铁丝绑住，活生生地饿死。它们被吊在树上，被枪弹撕碎，被浸在汽油中点燃。

人们对狼做了所有的这些事情——远不止这些。牧牛工最喜欢的策略就是派出一只发情的母狗来吸引一只公狼。在交配期间，狼、狗无法分开，因此狼被困住，然后被棍棒打死。

似乎在历史上的某个时刻，我们必须为这一切给自己一个交代。我已经说得很明白，灭狼（而不是控狼）的动机是出于误解，源于运动的幻想，由于对个人财产的过分依恋，也来自无知和厌恶。但是，其波及的范围之广，表现出来的随意的不负责任，和杀狼的残酷，是非同一般的。我认为这并不是来自一些本能的、返祖的冲动，尽管可能也有一些成分在里面。我想这仅仅是因为我们不理解自己在宇宙中的地位，也没有勇气去接受这个事实。

在这一章结束前，我想说说在写作本书期间我对谈过话的人的观察：住在俄勒冈沙漠中的大卫·华莱士、明尼苏达的一个退休的陷阱猎人、北达科他的一个政府猎人和阿拉斯加的一个空中猎人。

这些人并不是野蛮人。他们都喜欢狼，也为那些杀戮感到难过。他们在艰难时期长大，直到今日依旧不富裕。他们的生活艰苦是有原因的，但是他们人并不痛苦。他们是富有耐心的男人，磨炼了自身的性子。我想，耐性可以满足一个人的需求，使其相信狼是一种特别聪明的动物，非常难以猎取。像克朗普狼等流亡狼那样的故事似乎支持这个说法，但是事实上，狼也并非那样难以捕捉。所需的只是耐性，要布设一个好的陷阱，然后耐心等待一只狼踩中它。

这些人个个都以不同的方式捕狼获得赏金。他们并不是虚荣的人，但是他们知道把事情做好。每当提及对老猎人设备的盲目崇拜时，提及在布设陷阱后用狼尾扫尘时，或提及 20 世纪 20 年代陷阱杂志上广告的“必定成功的狼的气味混合剂”时，他们就露出笑容。他们最终知道，猎狼的成功，归根到底是辛劳工作，是小心翼翼，是了解狼及其生活的土地。这些人中有一个知识渊博，对狼的所知堪比和我聊过天的生物学家，但是他没有受过正规的教育，没有一套妥帖的西装，没有一口铁齿铜牙，很难和他人交流这些知识。

他们或许遭受厄运，但是他们不去多想。正如那个杀害狼崽的人所说的，这是职责。他们会跟你讲述可怕的故事，努力寻找自己的理由，然后被故事打败，被他们所不理解的东西打败，最后只能以沉默告终。

他们记得一些危急时期。明尼苏达的陷阱猎人受到一只陷阱中的狼攻击，还被咬了一口。政府猎人差点丢失工作，就因为他拒绝杀害一只没有伤害家畜的狼，但是当地和政界结交的牛群牧场主声称它做了。

他们记得那些能让人大笑的事情。一个没有经验的男人尝试用一把手枪杀死狼崽，才开了第一枪，就震破了自己的耳膜。北达科他的一个牧场主有一天坦诚地说，他不知道如何区分郊狼和狼，但是十分确信夜里在马栏四周跑动的是狼。结果，那不过是他自己的狗，和两只野生的爱尔兰赛特犬。

他们知道身旁最后的狼是何时被猎杀的。“在明尼苏达东部，最后仅剩的灰狼被杀害是在 1927 年 6 月，在现今被叫作卡特县的孤松山顶和阿拉斯加东部。”他们记得这么清楚，又盯着窗前的一辆房车，似乎希望当时就与狼同去。

他们站在法律批判的一方。空中猎人和他的儿子因为在空中非法狩猎而被罚款。陷阱猎人因为赏金欺诈而被罚款。

你不能因此谴责这些人的所作所为，至少我不会，似乎这些都在真空中发生。空中猎人有一年在地上布设陷阱，其中一个陷阱抓住了一只黑色的大公狼。当他接近的时候，那只狼举起被夹的爪子，伸向他，并轻声哀鸣。他小声地说：“要是我没那么急需用钱的话，我会把它放走。”

我在明尼苏达遇到的老陷阱猎人是个悲剧人物。在我和他说话的时候，明尼苏达有一场关于狼的地位的争论。他和其他人声称东北部有太多狼，它们猎杀所有的鹿，因此需要用陷阱捕捉。也有另外一些人，尤其是其他州的人们认为狼作为一种濒危物种，应该受到联邦政府的保护。这个老人在这场争论中下了赌注，对他来说，这比狼的命运的赌注还要大。这是他自身命运的赌注，他已经能看到生命的尽头。

他告诉我狼猎食的故事，显然是夸大其词，也坦然承认确实如此。但他坚持这么说，而且随着争论越来越激烈，他越是坚持自己所讲的嗜血狼和放纵屠杀的愚蠢故事就是真相。他最想要的，无非是重新恢复赏金项目。我不明白他的想法，直到有一天我把他载到朋友家里，那是曾经和他一起布设陷阱的老人，已经八十多岁了。

当这两人谈起早期猎狼的日子，他们开始对在场的每一个人说，他们想要被需要。如果不再有人需要捕狼的话，那他们就没有存在的意义了。他们将一无所用，因此他们才说狼是多凶残的杀手，有多难捕获，因为那就是他们想要邻里相信的事情。他们想要像以前那样，从民众那里得到关注和尊重，小男孩围着他们转，他们的同龄人和猎物警官一起为他们的把戏欢呼。现在这一切都在他们的指缝间溜走了。

那天下午，那个老人向我展示了车库里悬挂的三只狼。在濒危动物行动的规定下，每一只狼他要被罚款 20000 美元。他告诉我他毫不在意。他接到了北边一个牧场主的一个电话，让他去布设陷阱，捕猎那些“骚扰家畜”的狼。他问都没问就去查看狼的踪迹，布设了陷阱，然后抓到了三只狼。

那天下午，我们仨坐在明尼苏达的那间狭小、闷热的屋子里，看着多年前棕黑色的印刷品，我为这两个老人感到悲伤。他们所剩无几，正如他们向我展示的，只有在他们大腿上的这些照片，和他们饱经风霜的手里拿着的发黄的剪报。

我们杀害了数十万只狼——有时事出有因，有时无缘无故。当我们没有理由时，我们曾捏造了一些故事。我想，我们终将需要回顾这些故事，然后找到一种方式，能再次正视这种动物。

第四部分

吞日之狼

第十章
中世纪人观念中的狼

到现在，我已经提及三种关于狼的相对确切的观点：作为科学研究的物品，作为与之共存的人们的有益物品，和作为家禽饲养者的憎恨物品。但是这三种观点其实也并不那么确切，因为为了科学，我们最终必须打破狼被当作物品这一观点。

我们塑造了狼。科学方法论塑造了对狼的观点，恰如形而上学塑造了对美洲土著的想象，也如敌对者塑造了对19世纪养牛大亨的憎恨。只有在传统意义上，第一种关于狼的观点才被当作是启示性的观察，第二种被当作不现实的拟人论，第三种则是出于农业的需求。

在历史上，这三种观点诞生于人类为理解宇宙的本质而进行的一场永无止境的斗争。在历史上的不同时期，这场斗争催生了对狼的作用的不同看法，且在历史上的同一时期，也有对狼的多种看法共存，甚至存在于同一种文化中。我们一直自以为熟知狼这种动物，但是它其实并非如同我们一贯想象的那般。在人们的想象中，狼已在不同时期被证明是贪婪和野蛮的象征，是恶魔的地道伪装，是战斗家族的保护者。

人们怎么会提出这些概念呢？当然是为了揭开某个内在的主题，以使所有对于狼的认知、所有关于狼的典故，得以同存于一种伟大的动物身上。以下我会提出一些主题，提供几个综合想象的方法，这样一来，当一个人忽然遇到一只狼时，他会同时拥有关于狼的许多想象，和大脑有条不紊工作时的理智。但我并不希望由此生出一种集大成的感觉，就算有这种感觉，我也不认为它是真实可信的。在此过程中，略微失去平衡也是需要的，否则我们就会这样想：尽管我们所检验的事物是纷繁复杂的，但终归是粗浅易懂的。鉴于狼对人类的影响，我不相信它是粗浅易懂的。

我们接下来就开始对这种想象的生灵进行观察，这是一只被想象出来的、所有狼的形象都可追溯至此的狼。这么说并不是轻蔑，而是启蒙的意思。

纽约城的摩根图书馆入口，英国梧桐树遮天蔽日。在一个凉爽的秋日下午，梧桐树僵硬的欧亚槭般的叶子被秋风吹落在人行道上，枯黄的树枝衬托着保养良好的翠绿草坪，大楼显得孤寂凄清。让人感到有些不合时宜的，并非那扇通往地下的生锈的大门，也并非进入大楼的橡树木门，而是安静的图书馆内存储着大量的知识，映衬着图书馆外嘈杂而匆忙的现代城市街道。

大多数在此工作的学者，常在安静的房间里，用古老的语言阅读原始材料。他们会把手稿转变成西方世界里最不平常的收藏之一。在这众多的珍宝中，就有《动物寓言集》（又译《动物论》），英国无名氏原著的《圣埃德蒙》，但丁的《神曲》（1481 年 4 月 30 日出版于佛罗伦萨）的复印本，和 15 世纪版的普林尼的《自然史》。

在成千上万的藏书中，我提到了这些书，是因为其中每本书都有狼的身影。在中世纪，狼的形象明确地呈现在民俗、宗教和以教育为目的的文学中，撰写出来的书籍被人们如饥似渴地阅读。

当一个人的手指划过这些发皱的牛皮纸，或大开本的羊皮纸时，会有一种和另一个时代直接对话的惊艳感，甚至是触电感。那些撰写或印刷了这些书籍的人，也如你我一般，他们不离人间烟火，不禁对宇宙感到好奇，不免在一天的工作之后，站起来舒展筋骨。这些人早已化作尘埃，但是他们所写的文字，连同那些语法错误，和文艺复兴时期的佚名读者所做的拉丁注解，一同流传了下来。还有另外一种感觉油然而生：现代的我们也要受到这些文物的约束。

在这些文物珍宝中，你会频繁发现狼有“自咬爪子”的形象。在人们的想象中，偷羊的狼折断了一根树枝，惊醒了看守的牧羊犬，它就会转过身去，自咬爪子，以示惩罚。

在《圣埃德蒙》的故事中，这个 19 世纪的英格兰国王被丹麦人谋杀和砍头，之后他的头颅由一只大灰狼守护，免于亵渎，直到一年以后，他的朋友找回头颅，入土埋葬。

在但丁《神曲》“地狱篇”的第一篇章，历史上最经久不衰的狼的形象出现了：贪婪和狡诈。在“地狱篇”第八首，但丁谴责魅惑者、伪善者、魔法师、盗窃者和说谎者，说他们犯下了“狼的罪恶”。

在普林尼的《自然史》中，出现了最早的狼人，不过普林尼本人对此带有怀疑。书中记载，在希腊的阿卡迪亚山区，有一个叫安瑟斯的家族，该家族每 9 年就会通过抽签选出一个人，把他流放到荒芜之地去变身为狼。

在你阅读这些书的时候，你会发觉，狼似乎就在书页之间行走，穿过所有的历史，接受三教九流的检验，而自己沉默不语。这是一个秘密，与其产生的联系似是微弱的，如同一个人的手指在牛皮纸上划过的轻柔。在这家图书馆中，还有数百年历史的《小红帽》的复印本、《女巫之锤》——宗教裁判所把它当作证据，将数百所谓的狼人处以火刑，以及包含了狼的民间信仰的 14 世纪的百科全书。

图书馆中还记录了人们对狼的想法，这些想法来自伊索和在他之前的时代，来自芬莉斯（北欧神话中的一只巨狼）和其他日耳曼神话中的巨狼；记录了狼人审判的时期，记录了现代对狼孩的信仰。没有一个专有名称可以用来概括，因为这是一个人类心理与狼搏斗，或对其赞赏、或对其反感的恒久萦绕的故事。在摩根图书馆的中世纪藏书中，这是一个带着诡异气氛的故事。

所有的这些看法都在中世纪涌现出来，在这一历史时期，启蒙的思想在萌发，而无知的、迷信的思想在崩塌。比起历史上的其他时期，中世纪的人们对狼的形象更加着迷。狼人的信仰广泛传播，人们对此坚信不疑。在一些多神教的节日里，野人和他们神秘的狼亲戚扮演着中心角色，这些节日深受人们欢迎。农民反对地主，而在无产者的文学作品中，狼的形象就代表了可恶的贵族阶级。中世纪的农民说“饥荒如狼”，他们说贪婪的地主是“吃人的狼”。总之，任何威胁到农民朝不保夕的生活的因素，都被冠以“狼”的名字。

对真实的狼的恐惧有时近乎歇斯底里。狼的确会猎杀旅客，有时也的确会传播狂犬病——一种可怕的无药可救的致命疾病。狼会挖掘农民的尸体，威胁其灵魂世界，尤其是在黑色瘟疫（黑死病）期间，饥饿的狼群站在成堆的死尸上，这幅栩栩如生的画面是一个可怕的警醒：农民和食腐生活仅是一步之遥。一个家庭饲养的山羊、绵羊、奶牛、猪和家禽就是其生计和收入，而这些都可能在一夜之间被狼群洗劫一空。

罗马教会主宰了欧洲的中世纪，为了营造人间有恶魔潜行的感觉，树立了狼的恶魔形象。在宗教裁判所时期，教会力图镇压社会和政治动荡，在社区中搜捕“狼人”并处死，从而保持长期的控制权。无论以什么形式，这么做无疑加深了人们对狼的恐惧。

在中世纪村庄翻耕过的地上，有一片阴暗的树林，林中长着许多“狼奶草”（地锦草）、“狼拳菌”（马勃菌）、“狼爪蕨”（石松）和“狼蓟”（无茎刺苞木），还有开着小黄花的狼毒乌头。同样在这片阴暗的树林中，旅客走在危机四伏的路上，害怕会被路上的盗贼或狼群伏击。在中世纪的古人看来，盗贼和狼群是一丘之貉，同为逍遥于人类行为礼仪之外的生灵。要求砍下一个人的“狼头”，意思是说对一个干过不法勾当的人宣判死刑。这个人会被他人处死，而且处死他的人不必担负法律责任。轮回转世的观念认为，公路盗贼死后，他的灵魂就会附在一只狼的身上。还有一个这样的故事：10 世纪的英格兰国王埃德加曾经下令，允许罪犯免去牢狱之灾，只要他们根据自身罪行去猎杀一定数量的狼，并带回舌头作为证明。这种做法无疑是让罪犯这等人中豺狼供出对真狼同犯的不利证据。

中世纪的思想被困在黑暗时代的无知和文艺复兴的启蒙之间，就像从暗中微亮的罗马大教堂走进了高耸的窗明几净的哥特式教堂。

有豺狼之名的动物包括肉食狼蛛（狼蛛科）、狼鱼（狼鱼属）和幼虫会祸害谷仓的“狼蛾”（谷蛾）。狗鱼属的梭子鱼也被叫作“淡水狼”，而虎鲸曾被印第安人和白人叫作“海狼”。还有一种蛇叫非洲狼蛇，有一种黄蜂叫狼蜂（欧洲狼蜂）。

在黑暗时代，狼这种在幽暗晨昏活动的动物，频繁地出现在人们的表述中，这可能不是一个偶然。自古希腊罗马时代起，它就是一种过渡形态的象征。它是幽暗猎者，晨昏出没。普遍看来，它的生活与原始人类相似，因此它们的形态也介于人类和其他动物之间。

狼和曙暮光（或是黎明，或是黄昏，不过黎明作为“狼嚎时刻”更加为人所知）之间的联系，暗示了两种截然不同的形象。其一，狼是黎明生物，代表了从黑暗走向启蒙、智慧和文明。其二，狼是黄昏生物，代表了回到无知和兽性，而兽性通往黑暗的世界。因此，在中世纪，狼同时与圣人和恶魔相伴。它在清晨的嚎叫振奋精神，正如公鸡打鸣一样，清晨的狼嚎是黎明的信号，既是夜晚结束的信号，也是“狼嚎时刻”结束的信号。“狼嚎时刻”也用来比喻饥荒、巫术和屠杀，因为这些灾难就像深夜狼嚎一样让人毛骨悚然。

狼和曙暮光的联系相当久远。比如，狼象征着黑暗和野蛮，而温顺的狼（即狗）象征着启蒙和文明。因此，有个拉丁谚语叫“狼狗之间”，意为黎明之际。另外一个拉丁谚语就比较抽象，说“狼在此，狗在彼”，意思是在罗马军营两堆篝火之间的幽暗地带。

希腊语中的“狼”和“光”两个单词是如此相似，以至于人们有时会在翻译中将其误用。一些学者认为，阿波罗降临人间，既是黎明之神，又是狼之神，其原因是这两个单词的融合。但是，狼和曙暮光的联系在世界许多文化中都能找到，因此不能对其不屑一顾。例如，你可以翻看冰岛的《爱达经》，或者波尼人的狼星传说，找找两者的异同。在拉丁语中，“狼”和“光”两个单词简直大同小异，而且这两个词和“恶魔”一词也扯上了联系。例如，金星[①]被诗人约翰·弥尔顿和以赛亚预言家叫作“晨光之子”，而中世纪的狼则被说是“噬食灵魂的恶魔”。“狼”“光”和“恶魔”产生联系的第二个例子，就是洛基。洛基是条顿人的黎明之神，但是当基督教徒改变撒克逊人的信仰时，他们把洛基重塑成一个恶魔角色。在此前很久，洛基生下了芬莉斯，即条顿神话中的一只巨狼。到了世界末日，诸神黄昏，芬莉斯吞噬日月。德国有一首歌谣，本是为帮助孩子认识“小时”的概念，却也带出了“狼”和“回归黑暗”的联系。歌谣说：“十一点，狼就来；十二点，坟墓开。”

有趣的是，在玛尔斯成为罗马的战神之前，他曾是将耕地和野

① Lucifer一词有“金星”和“撒旦”之意，故作者说“光”和“恶魔”两词有联系。

林分隔开来的农神。狼在曙暮光中的形象和玛尔斯的农神之位是多么和谐，这点是令人欣喜的，因为玛尔斯的特殊动物恰恰就是狼①。

在整部欧洲史（和精神分析）中，战争和性欲是两个常见的联盟。而狼是这两者的象征，这在莎士比亚的戏剧《特洛伊罗斯与克瑞西达》中变成一个很好的比喻。戏剧中暴力和性爱的双重主题最后以自我消亡告终：狼死了，人的兽性消亡了，会有一个清新的黎明。

中世纪的思想紧紧地抓住了这个黎明，抓住了消亡的兽性，但是它固守了对狼的偏见。确实，它将那种偏见如此坚实地固定在人们的想象中，以至于直到20世纪，人们才想象出了一只新的狼，这只狼不再是中世纪那般困惑、迷信、抑郁和愤怒的映射。那个时代是关键的，因为我们要追溯对狼的想象之源，而今天我们所知的全部的狼的形象都产生于那时。下一章就讲述一下那个时代的狼。

① 阿尔巴隆加的国王原本是努米特，但其弟阿穆利乌斯篡位。为了保证自己的地位不被推翻，阿穆利乌斯逼迫努米特的女儿西尔维亚成为女祭司，终生不得嫁人。但是西尔维亚和玛尔斯偷偷结合，生下了孪生子。国王阿穆利乌斯将孪生子丢弃，而玛尔斯救走了两人，并派一只母狼用乳汁喂养孩子。两兄弟长大后，帮助外祖父努米特夺回了阿尔巴隆加的国王之位，然后重建了一座城，并以其中一个人的名字命名，这就是后来的罗马城。

第十一章 科学的影响范围

在意大利的古比奥小镇，有一个关于狼和圣·弗朗西斯的古老的故事。狼一直对村民造成威胁，而圣·弗朗西斯意欲阻止。有一天，圣·弗朗西斯和狼在城外相遇，且有人公证，达成如下协议：古比奥的居民喂养这只狼，允许它在镇里游荡，而狼绝不伤害人们和牲畜。

在这个流行的有趣的故事之中，隐含着一个常见的寓言：狼的残暴的、无法控制的本性被圣洁所感化，从而延伸到身有狼性的人们，包括小偷、歹徒和异教徒，都得到了圣·弗朗西斯的同情、恩惠和救赎。

中世纪的人们相信能在狼的身上看到自己兽性的映射，而人怀有和内心的野兽和平相处的渴望，这让“古比奥之狼”的故事成为中世纪较为深刻的作品之一。奴役着狼的欲望，恰恰是奴役着人们的欲望，因此对狼同情，也就是自我原谅。

人们形成这样的哲理观，主要是因为罗马教会，其教义渗透了对罪孽者、对兽性、对人内心的狼性的怜悯和憎恨。实际上，当一些教友跑来问：“单独地来看，这种动物是什么？它在宇宙中是如何发展的？”这时，罗马教会的回答就没那么慈悲了。当教友说：“我们可以把狼当作一个生物实体来看，撇清和恶魔的关系，还有和异教崇拜、不详祸害，还有人之兽性的关系……”中世纪的罗马教会本是探究的场所，可是这时他们的回答却是：“不可，这样想是有失分寸的。”

事实上，从亚里士多德，到弗朗西斯·培根，这种观点仅仅是少数人明确表述出来的。

圣·弗朗西斯在古比奥城外接受了狼的承诺时，如果你走进了当地的药材店，就会看到许多狼的“部件”被分装在瓶瓶罐罐里。这里有可医治疝气和白内障的狼粪，用来减轻分娩疼痛的狼肝粉末，用以治疗喉咙肿痛的狼的前爪。你还会看到有益于长乳牙的狼牙，如果店长开明且接受了东方思想的话，这里还会有狼的干肉，贝都因人相信它可治疗胫骨疼痛。

如果你走到街道上，去询问当地有学问的人关于图书馆的内容，他们也许会很热心地把《圣咏经》和《启示录》的复印本指给你看，还有一本《自然哲学》(又译《生理论》)，因为这些都是当时最有启迪性的书籍。《自然哲学》是一部说教论道的作品，书中将博物学中诸如动物、蔬菜、矿物等都做了寓言式的映射，像是上帝在宇宙中创建了道德秩序。一个自然学家对于动物的好奇心几乎是不存在的。动物仅仅被当作是食物和布料，是一种经济来源，是货物搬运工，或者是某种象征。事实真理和民间传说的区别，人们并不关心。既然动物作为物品，正如石头一样，就没有关心的意义。

《自然哲学》一书对动物进行虚构的、传奇的记载，每一篇记载都以一句《圣经》中的话开头，以道德警示结束。书中绘有插图，不过大都和自然世界无关，而是对所记文字的异想天开的诠释。这些记载本就是为了迎合《圣经》，为了道德教训而特意编造的。

当你站在古比奥的某个图书馆中，手里拿着一本《自然哲学》时，你也许问过自己："在亚里士多德一千年之后，为什么人类的探究会困在这种古怪的地方？"你眼前这些用拉丁文所写的关于狼的记载，无疑会拖慢狼的博物学进程，正如在现代医院中，和青霉素相比，狼爪无疑会拖累甲状腺肿大的治疗。

我不愿只批判罗马教会，将其当作无知的罪魁祸首。显然并非如此。但是，不得不说罗马教会在很大程度上控制了书籍出版和教育制度，并且通过神学的强制约束和教会的先入之见，对博物学的进程产生了重大的影响。教会所支持的，就能留存下来；教会认为错的，就无法残存。比如，无宗教人士对动物的兴趣和多神教有点相似，这就是错误。

在12世纪，一个知识渊博的人所能读到的最好的博物学书籍，就是类似《自然哲学》这样的书。在这些书中，动物学被简化为教化的象征，其中狼是重要的，因为它们是恶魔的走狗。

再回到药店里，这里不但会将狼肝磨成粉末，还有生殖腺、内脏、粪便，以及上百种其他动物的唾液。要说创下纪录的医学权威非盖伦（Galen）莫属，他是2世纪时古希腊的医师。医学和巫术截然相反，前者是真正的救死扶伤。医学是从希波克拉底开始，然后进入过渡时期，再到盖伦的科学模式。盖伦通过解剖猴子和猪，从它们的身体构造推断出人类的身体构造（那时教会和国家都对人体解剖不感兴趣）。盖伦是一个基督教徒，他所写的许多关于医理的百科全书都支持上帝规定的平衡，他对疾病的治疗，就像是牧师对罪孽者的感化。盖伦的书偏向基督教，因此受到教会的宠爱，从此独树一帜，近乎千年。

难以置信的是，盖伦和他的错误（他支持许多使用动物肢体的土方）长存不朽，直到16世纪，安德雷亚斯·维萨里（Andreas Vesalius）、威廉·哈维（William Harvey）和安东·冯·韦伯恩（Anton van Leeuwenhoek）才重新引入和运用理性、观察和实验，以图进一步理解背后的医理。在中世纪，博物学的命运与医师对动物的看法息息相关。动物是一种药物资源，且和解剖模拟一样有用，不过人们对它们如何生活却没有什么兴趣。

可以说博物学是从亚里士多德开始的，他在《动物志》一书中准确地描写了狼的生活习性，如其妊娠期为59～63天，母狼每年发情1次，幼崽生下来时看不见，并且阿拉伯狼和欧洲狼相比体型较小。将民间传说当作科学事实，亚里士多德对此表示质疑，并对个体观察比较推崇。这并非说他传播的都是事实，实际上，就在这一本书中，他也写道："被狼所杀的羊，其羊毛和绒毛制成衣物后，会滋生大量的虱子，多得异乎寻常。"

狼之疾

17世纪的欧洲人把可能是乳腺癌的肿块叫作"狼"，也把自己

（和动物）身上的烂疮和瘤子叫作“狼”。在19世纪，有一种以溃疡和结节为特征的普通皮肤病名叫“寻常性狼疮”。另一种相关的皮肤病是“红斑狼疮”，长在双手上，使得皮肤和指甲毁容，看上去就像狼爪一样。这种概念是仿中世纪的，并且狼人的痕迹也难以掩盖。今天，系统性红斑狼疮被当作是医学中最有迷惑性的皮肤病。我们尚不知道像关节炎这样的自身免疫疾病或结缔组织病的起因，只能观察到身体产生了抗体，持续攻击健康组织。患者十中有八都是女性，且大都是在孕育期间。关节炎至今无法治愈。

亚里士多德的科学传统，被罗马自然主义者老普林尼（Pliny the Elder）的《自然史》和稍后的索林诺斯（Solinus）的《奇妙故事大全》所继承，后者大都是在重复前两者的故事。除了百科全书的撰写人，如2世纪的伊良（Aelian）、7世纪的伊西多尔（Isidore）、12世纪的尼卡姆（Neckham）、13世纪的巴塞洛缪（Bartholomew）等所写的重复冗余的作品之外，就没有对动物生活的科学兴趣了。在亚里士多德之后四百年，普鲁塔克（Plutarch）写道：“当橡子树开花的时候，狼就会产下后代，因为母狼在吃下这些花之后，子宫就会打开。如果没有橡子花，胚胎就会在其体内夭折，且无法排出，因此在没有橡树和桅杆树的地方，狼就不会出现。”

代替科学的是《自然哲学》这种民间传说，到了12世纪的时候，就被扩写成更加知名的《动物寓言集》。

第一本《自然哲学》（书名是希腊语，意为“自然学家”）可能在公元前4世纪的叙利亚就出现了，但是它直到五百年后才在西方世界登上舞台。这是一本由多位作者撰写的作品集，讲述了关于动物、植物和宝石的流行故事，其中很可能融合了古代的口头文学。不像亚里士多德的综合性著作《动物志》，这本书并不以科学客观性自居。相反，其作者多是受到民间传说、神话故事和神秘主义的启发。《自然哲学》是一本广受欢迎的书籍，和《伊索寓言》一样家喻户晓，并且和它有着许多共同特征。因为《自然哲学》深受欢迎，它很快就成为教学的上好教材。到了2～3世纪，《自然哲学》中的故事被重新编写，以反映基督教的道德观和世界观。曾是一本伪科学的书摇身一变，成了一本道德寓言。

这与其说是教会方面的蓄意阴谋，不如说是那个时代的学术氛围的反映。佛罗伦萨·麦克洛克曾经写道："这个时期的学者有一个特征，他们都偏爱对《圣经》做出寓言阐释，同样地，自然也被解读得诡秘莫测。自然生物被探索，只因它们揭示了上帝的神秘力量和智慧。"于是，那时的《自然哲学》很快地就把《圣经》内容和道德训诂融入了其写作形式。

重要的是，那时大多数学者并不把《自然哲学》当作科学来看待，正如麦克洛克所指出的那样，"为让目不识丁的老百姓更好地理解，神父举了一些例子来让深奥的理论概念变得清晰易懂，这并不代表中世纪的人们就相信《自然哲学》和后来的《动物寓言集》中反复渗透的故事"。

到了7世纪，《自然哲学》开始盛行并不断扩大充实，成就了包括《塞维亚的伊西多尔》在内的作品。伊西多尔是西班牙主教、百科全书编撰者，他试图在《词源学》这本共二十卷的巨著中探讨人类所有的知识。其中，第十二卷《论动物》是新的《自然哲学》

的材料来源。伊西多尔的作品是模仿性的，他借鉴了普林尼、索林诺斯等人的作品，不假思索地传承了前人的无知，在书中多处得出荒唐的结论。但是不可否认，它依旧是中世纪前期最重要的作品之一。（他把“狼”的词源弄错了，说什么“狼”一词来源于“狮子”和“脚”这两个词，因此意为“像狮子脚的”。）

自9世纪起，《自然哲学》涵盖了或《圣经》、或道德的章节，原本过于非世俗的角色开始受到世俗的影响。不过，佚名的作者依旧在书中渗透宗教意味，即自然世界不过是上帝宇宙道德秩序的映射。到了12世纪，《自然哲学》描绘了龙、蛇怪、人头狮、人马怪的传奇故事，并配上许多精美的插图，因而受到广泛欢迎。

人们仅在一些实用领域发现动物是珍贵的，而对其天然的好奇心一直处于空悬状态。在这些《动物寓言集》中，所读到的不是狼这种动物，而是那个时代的虚构想象。狼并未出现在最早的《自然哲学》一书中，一直到7世纪，才在书中留下身影。在那之后，我们在阅读古希腊传承下来的迷信看法中，找到了一条关于狼的记录。

在巴黎的圣维多利亚修道院图书馆中，有一本13世纪的《动物寓言集》。该书第二册第20章讲述了狼和光的联系。该书的作者说，拉丁语的lupa一词意为“妓女”和“母狼”，两者是同一词源，因为两者都会“掠夺男人的财产”。同时，作者还在书中引用了索林诺斯的权威，断言狼尾的毛发具有催情功能，因此当一只狼即将被捕的时候，它就会咬断自己的尾巴。

在《自然哲学》和《动物寓言集》中，狼仅凭一眼凝视，就能让人目瞪口呆，哪怕是人先看到了狼，人本可以使狼害怕。（由两个法国人撰写的《女巫之锤》是宗教裁判所荒诞行径的哲学基础，书中提及巫师“只要目光一瞥”，就能蛊惑人心。）这解释了法国谚语“她看见狼了”（意为“她失去贞洁了”）的来源。这些书中有一幅常见的插画，画中有一男子站在衬衫上，敲击着两块石头，据说这是治疗痴呆症的方法。寓言中的狼只有一条颈椎，因此无法回头向后看。有些书说狼的脊柱过于僵直，因此把它按入水中，它也直如纸板，直到溺亡。亚里士多德和普林尼就是被引用的权威人士，正是他们说狼只有一条颈椎，而不是七条。

据说，狼在饥荒年代还会吃土。在12世纪，艾尔伯图斯·麦格努斯（Albertus Magnus）引用了《动物寓言集》的信息，写道：

“相传，狼会吃一种‘格丽斯’土，不仅是为了汲取养分，也为了强健体格。吃土之后，狼就能扑向强壮的动物，比如公牛、雄鹿或马匹等，紧抓不放以至将其捕获。如果狼身太轻，它就会被轻易甩下，但是‘格丽斯’土为它增加重量，它就不会被甩下，不会轻易被摆脱了。现在只等它的猎物疲惫和衰竭，它就可以撕裂喉管，开膛破肚了。之后，它就会吐出‘格丽斯’土，尽情享受所捕动物的鲜肉。”

在法语中，众所周知就是“像白狼一样为人所知”；偷偷尾随就是“用狼步行走”；“说曹操，曹操到”则是“说狼见狼尾”。单词loup有“狼”的意思，也可意为“家具的缺陷、计算的错误、剧院被吹开的门”。“狼”也能用来形容“化装舞会上的一个黑色天鹅绒面具、一种用来拔出钉子的工具、一架用来打散羊毛的机器”。

在法国的田地里，狼就是玉米妖。当风如波浪般扫过田地时，农民就说："狼来了。"当小孩采摘蓝色的矢车菊时，父母就会警告说玉米地里有狼。假如真在地里看见了狼，他们就会看它的尾巴是高举还是垂下。假如狼的尾巴是垂下的，那它就是玉米妖，农民就会向其致敬。

到了收获季节，狼比收割者更早来到谷地里。假如一个人被绊倒或被镰刀割到，他们就说："狼抓到他了。"田里的最后一扎麦捆被称为"狼捆"，收割狼捆（这样做会杀死狼）的人在春天以前都会被叫作"狼"。相应地，狼捆被叫作"稞麦狼"或"小麦狼"或"玉米狼"。在某些地区，狼捆会被烧掉，而在其他地区，狼捆会被带回家并在春天被消灭。

在波尔多市周边的农村中，人们在阉羊的角上装饰了花朵和小捆的麦秆，在其身上缠绕了花环和明亮的丝带，然后把它带到地里，进行献祭。阉羊的牺牲就意味着玉米妖的毁灭。

其他《动物寓言集》所支持的信仰包括：狼会排斥海葱；踩到狼爪印的马会跛脚；踢到狼的母马会流产；狼咬过的羊肉更加鲜美；狼对音乐反感。在羊群中，海葱（海滨海葱等）的鳞茎被悬挂在绵羊的颈部，这能使其避免狼群的攻击。旅行者也会带着海葱以作防护。（在欧洲，红海葱至今仍被用做老鼠药。）马是主要的家养驮兽，其负载能力比驴子、公牛、奶牛都要强，而狼是马的祸害，这一点体现了《动物寓言集》的道德架构。恶魔总是寻找最圣洁的来击垮。同理，绵羊被狼选中和猎杀，也有同样的意义。羊肉吃起来更鲜美的观点可能是从普鲁塔克那里来的，他曾写过：狼的呼吸相当炙热，能够使它吞食的肉变得柔软和熟烂。也有人强烈地感到狼啃咬过的肉是有毒的。雅各布·格林（Jacob Grimm）在《条顿神话》中提到：任何一个吃了狼咬过的羊羔或山羊肉的女人，都会生出一个身上有狼咬痕迹的孩子。

3世纪的罗马人伊良在《论动物本质》一书中讲述了皮瑟查尔斯用一柄长笛演奏音乐，从而驱散了狼群的故事。狼厌恶音乐的信念广泛而持久，而这就是它最早的参考文献。还有一个类似的信念是，一面用狼皮制成鼓面的鼓，其发声可盖过许多面羊皮鼓面的鼓；而用狼肠制成的配弦，其发声也胜于羊肠配弦。在今天的音乐界，小提琴发出的不和谐音符，以及管风琴发出的刺耳的和弦，就被称作“狼”。

犯了痴呆症的人恢复口齿，显然不是因为敲击石头的发音吓跑了狼。一个16世纪的作家曾经写道：狼讨厌石头，无论走到哪里都避开它，因为石头带来的伤口会长虫。理查德·勒普顿（Richard Lupton）是中世纪的英国作家，他离奇地说道：“当狼被迫走在石头满布的地上时，它就会小心翼翼地前进。因为一旦被石头刺伤，伤口就会长虫，而后狼会被慢慢吞噬，最终死去。”

在一本《动物寓言集》的现代译本中，特伦斯·韩伯瑞·怀特这样评论其中的道德寓意：“我们所谓的狼，其实就是恶魔；而所谓的石头，就是使徒、圣人或上帝。所有的预言者都被称为‘坚定的石头’，而在基督教的戒律中，上帝耶稣被称为‘绊脚石’或‘辨奸石’。”

谁又能证明讨厌石头是狼的天性呢？

在亚里士多德、普林尼以及《动物寓言集》和《自然哲学》之后，还有第三类书籍尝试揭示狼的真面目，包括亚历山大·尼卡姆、艾尔伯图斯·麦格努斯和英国的巴塞洛缪等人所撰写的百科全书。12世纪的尼卡姆、麦格努斯和巴塞洛缪，还有13世纪的文森特·博韦，这些人沿袭了伊西多尔的传统。在这些百科全书作品中，我们发现更多的政治、社会寓言，而不是道德训诫和民间传说。巴塞洛缪告诉我们，狼在夜晚狩猎之前，会吃马郁兰来刺激胃口和磨牙。他还说，狼喜欢吃鱼，假如它们在海边看到渔民的渔网，却没看到鱼，它们就会气愤地将网撕破——这可能是亚里士多德最初所讲的希腊的马尤泰湖之狼的故事。艾尔伯图斯·麦格努斯曾说，任何一个把狼的右眼紧揣在右袖的人，都可受到保护，免于人畜攻击。

勒普顿在其《值得关注的事物》一书中列举了“悬狼首，困巫师”的做法，以及“村口埋狼尾，吓跑狼一堆”的传统。他还说从狼的身上获取油脂，可在寒冬护手，而为赶走狼在院里埋了狼粪，则牛羊尽疯，除非将狼粪挖出。

16世纪的英国作家爱德华·托普塞（Edward Topsell）在《四脚兽的历史》一书中用以下文字吸引读者：

“狼的大脑的确会随着月光而变大或缩小。狼的脖子粗短，说明它狡诈的本性。如果狼心保持干燥，就会散发一种香甜好闻的味道。狼两两入水，相互扣紧，你勾住我的头，我咬住你的尾……当它们遇到山羊或猎犬时，它们并不猎杀，而是以最快的速度将其赶到狼群中去。如果猎物是头野猪，狼群就会把它赶到水边，并在那儿将其猎杀，因为要不是在冷水中吃野猪，狼的牙齿会燃烧起来，难以忍受。如果劳动者或旅行者在脚下垫着狼皮，那么他的鞋子就不会硌脚。将一只温顺的狼去皮，狼皮浸泡之后服用，就可让人免于恶魔的梦魇，从而安详入眠。用狼牙摩擦婴孩的牙龈，乳牙就会尽早长出。”

4月23日，东欧人庆祝圣乔治日，圣乔治是牛、马、狼的庇护者。这天清晨，各种禁忌的祭品都能看到，圣乔治给狼套上鼻环，再系上栓链，然后家养的畜群就可以无所畏惧地放到牧场去了。有时也会燃烧狼粪，或者叫“恶魔之粪”，然后让牛群从烟雾中穿过，以吸收气味。

人们相信，只要在圣乔治日的早晨缝补东西，那个春天出生的狼崽就会失明，就像眼睛被缝起来了一样。农民要是想知道哪只羊将会落入狼口，他就在谷仓门口放置鸡蛋，踩到鸡蛋的羊就是将在这一年被狼猎杀的。为了避免这种损失，农民还不如自己先把羊宰了吃掉。

在俄罗斯，有个类似的节日叫圣尤里日，而狼是圣尤里的狗。狼在一年之中猎杀了许多牛羊，但是人们并不因此感到烦扰，因为那些都是圣尤里为狼准备的食物。

像托普塞这样的作家在《自然哲学》中看到了基督教化。甚至于文艺复兴时期的书籍，如《拓博威尔的狩猎书》（1577年）谈到了如何将狼引诱到盲人跟前，提及了狼崽对父母的忠诚，也提到了狼会吃蛇、狼“因憎恨”而相互厮杀的事。

直到16世纪，才出现对动物生活的非宗教性的探索，即纯粹为了学习，而不是为了道德教化或娱乐的探索。那时的作品包括康拉德·根赛尔（Konrad Genser）的《动物史》（1551年出版），阿尔德罗万迪（Aldorvandi）的《动物百科全书》。但是，要到18、19世纪，卡尔·林奈（Carolus Linnaeus）提出了系统分类法，查尔斯·达尔文（Charles Darwin）在书中描述了加拉帕戈斯岛上的鸣鸟，约翰·詹姆斯·奥杜邦（John James Audubon）绘制了佛罗里达州的鸟类图谱，这时，博物学才与象征寓意、与文学娱乐分道扬镳，走上了独立的知识系统之路。让人诧异的是，对狼的传统认识一直未被打破，直到1945年，斯坦利·杨和爱德华·古德曼（Edward Goldman）出版了《北美的狼》一书。该书综合了科学和民间传说，成为20世纪60年代美国和欧洲唯一一本专业的狼书。那时的书不多，只有第一部无争议的生态学专著——阿道夫·默里在1944年出版的《麦京利山狼群》，和另外九本流行书籍。

作为科学的研究对象，我认为没有第二种动物像狼一样遭受这么多的偏见。

我记得有一个下午，我坐在大学图书馆里，读着一本《哺乳动物学》期刊，看到了尤金·约翰逊（Eugene Johnson）的名字。约翰逊在阿拉斯加研究狼，他能独自划舟靠近狼崽而不被发现。他大腿上的滑膛枪上了大号铅弹，每次看到狼崽在岸边行走、仰望时，他就放桨举枪。他写道："以当时的距离，放两枪就可致死，但是我们不该否认，尽人所能把狼吓个半死，这让我们打心眼里感到痛快。"

这话是1921年写的。这当然是一个独立事件，但是"科学具有客观性”这一自大的宣称有时是错误的。这些生物学家就像无名的畜牧工人，在20世纪寻求得到狼的“科学依据”的支持，而讽刺的是，这些“科学依据”可能是来自爱德华·托普塞。

在人和野生动物打交道时，在科学政治学中，最悲哀的一个事实就是：他们有科学家的支持。

第十二章
寻找野兽

狼和羊无法共处，这点不必多说。当拜伦勋爵在《西拿基立的毁灭》中写道“亚述人进攻，如狼入室”时，读者无须揣测，即可理解。乔叟在《牧师的故事》中写下“恶魔之狼将耶稣之羊绞杀”，可见在基督教徒眼中，狼无疑是为恶魔效力的。战地记者在报道中说德国“狼群”在北大西洋潜行，显然是将第三帝国的潜艇比喻成一种对欧洲进行残酷和贪婪掠夺的生物。人们阅读《狼的巢穴》一文，看了希特勒的军队撤退的报道，就会觉得这个比喻真是再合适不过了。有人还注意到，“阿道夫”这个名字，其实是来自于“埃德尔 - 狼”（Edel-wolf）的缩写。埃德尔狼是一种高贵的狼，这点读者不难理解。

人的大脑用这样的符号和比喻来自娱自乐，用内心的独白来为宇宙万物分类。我想，人的内心是喜欢狼的。虽然狼有时是邪恶的符号，可大脑十分青睐善恶之分。再说，狼是战士的象征，而我们私下都很在乎自己的勇气和高尚。还有，狼是一个可怕的形象，而人类的内心喜欢自我恐吓。

关于狼的符号和比喻虽然屈指可数，但却影响深远。这些观念是根植于人类灵魂深处的。狼作为战士英雄的传统比文字记录的还要久远。罗慕路斯（Romulus）和雷穆斯（Remus）的传奇故事，以及其他狼孩的故事都清晰地表明狼作为慈母的古老形象。中世纪那些被当作狼人而被活活烧死的人，则代表了对狼的负面感受。狼的形象也和性有关，比如拉丁语的 lupa 一词意为“妓女”和“母狼”，“狼哨”是指有挑逗意味的口哨，而法国谚语“她看见狼了”意为“她失去贞洁了”。狼的性符号，和慈母、狼人的形象同样古老，不过在欧洲以外没有广泛传播。罗马骷髅骨古墓墙上画了性感窘迫的苏珊娜，和两个窃窃私语的长老[①]，这幅画面常被描述为“羊入狼口”。

我在前面说到，狼是曙暮光的象征。有的作家说，狼其实反映了人在面对战争时的两种选择——本能的冲动和理性的行为，对此我表示赞同。在《迟疑的狼和神秘的狐狸》一书中，凯伦·肯内利说在动物寓言中，狼是和我们最相似的生物。她写道：“人和自己无法协调，他或被狂傲或被无知打败……他是直觉思维和理性思维之间不可调和的产物。他企图过一种理性的生活，但却被本能的冲动打败。”因此，人性和兽性并存。

在历史上，人们将兽性外化，罪行太多了，就找个替罪羊，将其献祭以弥补自己的过失。在文学作品、民间传说和真实生活中，人们把贪婪、欲望、欺骗等罪行都归罪于狼，并把狼置于死地。

人之本性，善恶对立，反映在狼的身上，就是它作为残暴杀手

① 据《圣经·但以理书》记载，贞洁的妇女苏珊娜断然拒绝好色的长老们的诱惑。

和作为（我们尚未审查过的）慈祥乳母这两个形象。残暴杀手就是狼人，而慈祥乳母就是哺育罗马缔造者的母狼。

今天，我们就像历史上的大多数人一样，对母狼育人的故事怀有好感，尽管我们知道这不过是个传说。不过，到了20世纪，狼人的传说倒是被历史给遗忘了。回想中世纪，狼人曾是个可怕的现实，人们不曾怀疑他们的真实存在。在象征层面上，狼人代表了人类的本性，尤其是野性和欲望。正如肯内利等人所说，对狼的善良存有喜爱，其实就是自我喜爱；而对狼的邪恶怀有厌恶，其实就是自我厌恶，因此捕杀狼人不过是为了隔绝和消灭人性所做的尝试，这种尝试由来已久。狼人的观念存在了数百年，这表明一种持久的人类对自身的厌恶。

美国的大平原上爆发过狼的战争，这种想法揭示了人类的自我厌恶，但是我们还是不免要把话题转回中世纪。那时还没有遗传学，人们以为唐氏综合征——小耳朵，宽额头，塌鼻子，突牙齿——的患儿是少女和狼人所生的后代，这听起来貌似可信。中世纪是一个忧郁的时代，这种忧郁反映在超现实的、怪诞的绘画作品中，比如希罗尼穆斯·波希和小彼得·布吕赫尔的画作。中世纪是一个饥荒的时代，一个战火不断的时代，一个传染病的时代，一个社会动乱的时代。那时的文明并不像今天这样珍贵。于是，在一个痛苦的世界里，想要回击的欲望必定是强烈的，毕竟有药草可买，有浮士德契约[①]可签。也就是说，贫苦的老百姓想要变成狼人，也是可以理解的。关于中世纪的巫术历史，杰弗里·拉

① 浮士德是德国16世纪民间传说中一个神秘人物。据说他用自己的血和魔鬼签订契约，出卖灵魂给魔鬼，以换取世间的权力、知识和享受。

塞尔（Jeffrey Russell）写道："一些农民被一种普罗米修斯式的冲动所驱使，要让自然和其他人都屈从于自己的目的……从而获得钱财、性爱的对象，或者是对他们所惧怕的、所仇恨的人进行复仇。"

因为有了压抑的老百姓，有了狼人的信念，和宗教裁判所的胁迫，难怪人们会惊慌失措，甚至出人意料地承认自己是狼人，承认犯下了违背自然的罪行。不仅仅是狼人，在1275年，有一个叫安琪拉·巴特的女孩，她向图卢兹市的宗教裁判所承认罪行。她疯疯癫癫地说自己曾生下一个半狼半蛇的孩子，为了让这个孩子活下来，她偷了人类的婴孩喂给他吃。在1425年，在巴尔塞市附近，有一个女人因为和狼交合而被判死刑，据说她曾骑在狼的身上飞过夜空。

对人类来说，中世纪是一个非常沮丧的时代，仿佛被困在黑暗时代和文艺复兴的曙光之中。这是一个狼的时代，人们对自身境况的怨恨，全都撒到了狼的身上。

但是在狼人的故事开始之前，必须先讲讲另一个故事。在《动物寓言集》中，有一个角色叫"丛林野人"，他的生活方式和狼人有所交叉。野人是潘神（Pan）和狄俄尼索斯（Dionysius）混合而成的产物，而这两个人分别是罗马神话中的农神和丰收之神。在中世纪古老的多神教仲冬庆典中，野人是一个中心人物，他穿着鲜艳的、破旧的衣服。因为这身破旧的衣服，他很快就成了即兴喜剧的丑角，并且在莎士比亚的《暴风雨》中，他成了半人半兽怪——卡利班。野人是一个色情的、轻佻的、有点迟钝的恶作剧者，也有人认为他是一个忧郁的、禁欲的孤独者，游荡在茂密的森林中的无垠之地，穿梭在原始村落、野生浆果、动物根茎和山珍野味之中。他和宗教异端者、社会弃儿，还有象征着他们的狼共享着这片阴暗潮湿的森林。最重要的是，野人和邪恶、纵欲有关，这是我们所感兴趣的。在15～16世纪，随着野人形象的广泛传播，他身上的品性也被强加到狼人的身上。

在《普洛塞尔皮娜的愤怒》这样的剧情中，野人作为普鲁托的形象出现，广受人们欢迎。野人的形象在中世纪长盛不衰，对此美术史学家理查德·伯恩海默（Richard Berheimer）曾写道："野人的概念似乎是出于一种持久的心理冲动。我们可以把它定义为：一种为鲁莽断言的冲动赋予外在表现和象征形式的需求。这种冲动隐藏在每个人的内心，而且通常都在控制之中。"

历史学家杰弗里·拉塞尔在《中世纪的巫术》一书中说："野人既残忍又好色，反映了中世纪人们压抑的性冲动。野人对应了另一个角色，即疯女人。疯女人是一个女杀手、食孩魔、吸血鬼，偶尔也是一个性爱女神。她就是女巫的原型。"疯女人让我们想起斯堪的纳维亚半岛的通灵者，她们把人类娼妓介绍给狼，而后常有鱼水之欢。伯恩海默和拉塞尔的话反映了野人和性暴力的联系。的确，这一主题反复出现，尤其在中世纪晚期（以及后来更加暴力的庸俗小说），变成狼人的男人仅仅是为了向拒绝他们的女性复仇。（女人很少变成狼人，就算变了，大多不过是达到目标的手段，比如为了信魔者的夜半集会而去偷一个孩子。）

野人和狼人的生活方式还有其他的交叉点。在圣诞节和主显节之间的十二天，既是欧洲野人仪式的时期，也是狼人狂怒的时期。

那些在庆祝仪式中扮成野人的，就会豪喝狂饮，辱骂女性，像条顿神话中穿着狼皮和熊皮的狂暴武士。在波罗的海的一些国家，他们的行为和条顿传说中的野人部族也没有太大的区别。

野人和狼人之类，是从多神教想象中的可怕力量演化而来，经过中世纪的怪诞通灵的想象，变成了我们在今天的电影和通俗文学中所见到的衍生的、强加的、可悲的讽刺画。

兽化人的传说相当普遍。在每个国家，原始的变形（人类变身为兽形的能力）信念和巫术信仰结合起来，便产生了一些可怕的本土兽化人。这些兽化人通常夜间出没，有时屠杀人类。在非洲有鬣狗人，在日本有狐狸人，在南美洲有豹人，在挪威有熊人，而在欧洲有狼人。

兽化人可能是巫师所化，一心杀敌，比如纳瓦霍的狼人。据说白俄罗斯的狼人可能是受到巫师的诅咒，而在乡间忧郁行走。兽化人也可能是善良和守护的，如 12 世纪狼人传说中的阿方斯，或是西西里王座合法继承人的庇护者——帕尔尼的威廉（William of Parlerne）。变形本来不是邪恶的，因此才会有善良狼人的故事。但是随着狼越来越代表兽性，代表堕落和邪恶，变形这一现象也因为狼这一可怕的生物而蒙上了阴影，因为在很多故事中，狼不但掠夺人类的一切事物，而且参与了暴力和性堕落，而后者其实和狼无关，有关的是人自身的邪恶。我们需要记住这一点，因为在回看原始时期的狼人时，我们不经意就会套用后人的看法。

在某种程度上，我们传说中的狼人是在希腊成形的。在巴尔干半岛的末端，有一片大陆叫作伯罗奔尼撒，其中心地区就是阿卡迪亚。根据希腊传说，珀拉斯戈斯（Pelasgus）的儿子吕卡翁（Lycaon）教化了阿卡迪亚，并在那里发起了宙斯崇拜。宙斯后来听说吕卡翁的很多儿子都懒于宗教事务，且对父亲不大尊重，他于是决定化身成一个散工，偷偷暗访，亲自查看。

宙斯来到吕卡翁家里，受到了款待。但是吕卡翁的儿子说服父亲给眼前的陌生人上点新鲜的人肉，来观察他是不是宙斯化身伪装的。他们把吕卡翁的儿子尼科迪默斯（Nyktimos）给杀害了，将他的内脏和羊肉混在一块，并盛了一碗放到宙斯面前。宙斯把碗砸到地上，把吕卡翁和他的儿子都变成了狼（除了尼科迪默斯，他后来被宙斯救回了），然后气冲冲地走了。

宙斯仍为吕卡翁亵渎神明而发怒，也为人类的行径而生气，于是发起一场洪水要将他们溺亡。这场洪水就是丢卡利翁（此人建造了方舟，并幸存下来）洪水，毁灭了吕卡翁和他的儿子们，但是后来一些移民到阿卡迪亚的幸存者会根据仪式杀人忌神。这些幸存者原先是帕纳塞斯山周边国家的居民。讽刺的是，他们在洪水之夜被狼的叫声唤醒，并被狼带到了高处。根据地理学家帕纳塞斯（Pausanius）的说法，在之后的几个世纪，阿卡迪亚人的做法是：准备一顿膳食，就像之前吕卡翁为宙斯准备的一样，将其放在牧羊人的面前。谁在碗里发现了人的内脏，谁就把它吃了，然后像狼一般嚎叫，并把衣服挂在橡树上，之后他会游过一条溪流，并在接下来的九年，独自在对岸过着狼人般的生活。假如在九年之中，他不再吃人肉，那么他就会变回人形。

这就是普林尼在《自然史》中所讲的故事。他补充说，有一个叫作达玛查斯（Damarchos）的年轻人，他曾经吃了人肉变成了狼，后来戒了人肉，又回归人形。后来，这个人还在奥林匹克运动会中赢得了一次拳击比赛。柏拉图在《理想国》中引用了这个故事，以说明一个仁慈的统治者（就像吕卡翁）如果吃了人肉，或者说，如果他密谋害死政敌，那么他就注定要变成一个暴君。

吕卡翁的名字被保留在东部森林狼的科学命名中，即 Canis lupus lycaon（吕卡翁狼），而且“变狼狂（吕卡翁人）”一词被用来形容一个把自己幻想成狼的精神病人。

这个故事很含糊。很多学者都回避将宙斯当作狼之神，因为活人可能曾被献祭。他们说宙斯是光之神，而这个概念在希腊语中也是很含糊不清的。活人献祭和狼的故事也许是这样的。阿卡迪亚人是农耕民族，当时可能存在这样的传统：假如作物收成不好，国王会自取性命，以祭祀群神。后来，这种做法就改变了，国王自身不去献祭，而用百姓来代替自己。为了弥补自己的内疚，国王和其他被邀进餐的人一同承担杀人的罪名。为了赎罪，通过抓阄抽中的一个号码，那个人就会被放逐九年。

这是可信的、可能的。到了后来，宙斯崇拜转变为狼崇拜，在当时的希腊，人们用活人祭祀，以安抚狼群（阿卡迪亚人饲养家禽，而伯罗奔尼撒群狼众多）。丢卡利翁洪水可能代表了希腊文化的入侵，经过教化作用，活人祭祀几乎消失殆尽，仅在阿卡迪亚这种偏远的地方尚存一息。

故事的来源和意义且不深究，但是它洞察了狼作为人的兽性的体现的一面，只要人能够将自身的兽性控制九年，那么他就能够获得为人的身份地位。同时，故事还解释了社会弃儿和狼之间的联系。

我们的狼人文化大都是从北欧和东欧传承而来，但是选择了这个希腊传说来开始狼人这一章节，是因为它简明易懂。这个故事逐渐成形于将狼视为敌人的人们，它敢于对西方民间传说中反对吃人肉的禁忌发出声音。在中世纪，人们要是看见狼食用战场上的人类腐肉，就会呵斥辱骂，因为人们认为狼天生聪颖，能分善恶，明知道不能吃人肉，但还是无法抗拒，可谓卑劣。狼是典型的作孽者。

狼的境况有凄凉的一面。在一些狩猎社会，如夏延市，狼因其勇气、猎技和耐力受到普遍的欣赏，成为备受推崇的动物之一。但是在其他的城市，当人们转向农业和畜牧时，同样的狼就因为其懦弱、愚蠢和贪婪而被人厌恶。狼本身并未改变，倒是人表现出了仇恨的“动物”本性。一个人站在火刑柱周围，通过嘲笑和诅咒被控告的狼人，展示出他对人性的忠诚，增加了他的幸福感。悲剧——我认为这是一个恰当的用词——的是，这样自我厌恶的映射从来都未让人满足。再多的大屠杀，再多的狼尸体堆积在村庄广场上，再多的人类被当作狼人并被活活烧死，也不足以结束这种憎恨。我想，这和纳粹党对犹太人的大屠杀也没有多大的区别，只是当屠杀发生在动物身上时，我们更容易遗忘过去。但是，在狼人这件事上，我们必须记住：我们说的是人类。

希罗多德曾写道，牛里安人（Neurians）每年都有几天会变成狼。牛里安人是狩猎民族，崇拜狼图腾，而且每年的庆典都要穿戴狼皮。但是后人引用希罗多德的话，多半是为了说明狼人民族的存在。普林尼等人都提到了罗马附近的索拉克太山的狼崇拜：人们穿着狼皮起舞，拿着狼的内脏，并穿过燃烧的火焰。不难看出，威胁家畜的狼已经伏法，加上古老的狼图腾崇拜，很容易就在几百年后产生了狼人的想法。

佩特罗尼乌斯（Petronius）在《萨蒂里孔》中所讲述的狼人故事，常被引用来说明在耶稣时期，罗马就有狼人了。但是人们忘记了，这个故事仅仅是写来娱乐大众的。任何的历史观都是偶然的。佩特罗尼乌斯写的，是一个人变成了狼，攻击了牛群，然后被人们用干草刺伤脖子，从而仓皇而逃的故事。后来，故事的叙述者发现，他的好朋友脖子上的同一部位有被干草刺伤的痕迹。用佩特罗尼乌斯的话说，这条证据，足以说明这是一个变形人（这个要素——一只狼受伤了，后来在一个人的身上发现同一部位有类似的伤痕——是验证很多狼人的基本证据）。

比起古希腊和古罗马的故事，北欧的狼人故事通常更加粗野，更加大胆，更加具有创造性。奥拉乌斯·马格努斯在其《哥特人的历史》一书中写道，在圣诞节，狼人齐聚一堂，享受酒宴，有时会动用暴力，洗劫酒窖。他在狼人传说中引入了纵酒宴乐的要素，这可能是从“野生部族骑狼夜行”这样的条顿传说中改编而来。又或者，是从《狂暴战士》的故事改良而作。时间发生在圣诞节可能意味着马格努斯的故事是基于一些故事，比如多神教仲冬庆祝太阳回归的庆典，或者它被基督教化了，狼在耶稣诞生这天喝酒，这就加重了它的亵渎之罪。

马格努斯也写到，利沃尼亚市的狼人在圣诞节聚集，并且像阿卡迪亚的狼人一样，他们游过河流去进行变形。他们保持狼形 12 天，直到主显节，他们狂喝豪饮，然后聚集到一座古老城堡，在城堡外墙之间竞跳。那些没有跳墙的狼人会被魔鬼暴打一顿。

在后来的狼人故事中，纵酒宴乐和亵渎神明是相当常见的，但是在最初的条顿狼人故事中却并不存在。那时倒是出现了暴力。在冰岛的伏尔松格（Volsungs）传说中，伏尔松格国王的女儿齐格妮（Signy）嫁给了西格尔（Siggeir）国王。西格尔的母亲是个狼人，而西格尔忽然叛变，杀死了伏尔松格，并把其十个儿子囚禁起来，用以喂养母亲。第十个儿子齐格蒙德（Sigmund）虎口逃脱，后来和齐格妮生下一子。一日，齐格蒙德和儿子来到一片树林，林子中有两个人在睡觉。这两个人头顶的墙上各挂着一张狼皮，齐格蒙德看出他们是狼人，就笃定只要穿上狼皮，他和儿子就能变形成狼，并伪装九天。他们穿上狼皮，商量好每人只杀七个人，然后就各自上路了。但是，儿子不守信用，杀了十一个人，齐格蒙德很生气，于是以狼形发动攻击，导致儿子受伤。当齐格蒙德的怒火消退后，他充满了懊恼，于是亲自照料儿子的伤势。到了第九天，他们恢复人形，把狼皮扔到火里，约定再也不干这种事情了。

12 世纪后半叶的女诗人玛丽·德·法兰西（Marie de France）在一首浪漫的叙事诗《狼人谣曲》中创造了狼人让人同情的形象。在布列塔尼地区，毕斯克拉维艾特是广为人知的狼人的名字。在这个故事中，一个法国男爵不胜忧虑的妻子的烦扰，最终只得告诉她：他每周三天不见踪迹，是为了化为狼人，在森林里游荡。妻子听后十分害怕，于是说服她的情夫尾随男爵来到森林，并偷走他的衣服。没有了衣服，她的丈夫就不能变回人形。情夫成功了，最后和男爵的妻子结婚，只有男爵的朋友在哀悼他的失踪。

一年之后，国王外出狩猎，他的狗追上了毕斯克拉维艾特。巨狼用爪子拿走了国王镫形的长靴，并且用眼神恳求那只狗走开。国王叫走了狗，并带着狼回家，从此狼成为他的温顺友爱的同伴。后来，国王带着狼和随从旅行，来到男爵的旧城堡附近，男爵的妻子拜访了他。当狼看到这个女人时，它就疯狂地咬掉了她的鼻子。男爵拿回了衣服，变回了人形，回到了城堡，而他的妻子和情夫都被流放了。背叛终于有了报应。

一个爱尔兰牧师从阿尔斯特省到米斯郡去，路上遇到一只狼来和他说话。狼向他保证无须害怕，只不过它的妻子就要死了，它希望牧师可以做个临终祈祷。狼说，圣·娜塔莉在奥索雷人民身上下了诅咒，每隔七年就有两个人带着狼皮，过着狼一样的生活。而牧师遇到的两只狼就是其中的受害者。牧师虽然很害怕，但还是跟着狼走进了森林。在不远处，他看到一只母狼病恹恹地躺在树下。牧师吓得呆呆站着，无法动弹。狼俯下身去，将母狼的狼皮扯下，牧师这才看到一个女人的躯干。他不再害怕了，他听了女人的忏悔且为她做了临终祈祷。

狼把牧师送回了原地，对他千恩万谢，并且说等到七年的诅咒过去，它就会去好好答谢牧师。

牧师继续上路，内心对自己的行为感到很满意。

——杰拉尔德·堪布伦西斯（Giraldaus Cambrensis），1188年

在玛丽·德·法兰西的故事中，化身狼人并非男爵自愿的，而是因为受到诅咒。到了中世纪的狼人审判时，民间传说和迷信观念相互融合，创造了各种各样的狼人，以及不计其数的狼人和人之间相互转变的故事。也是在那时，最初善良的狼人蒙上了邪恶的阴

影，波尼狼人侦探的神奇魔力也沦为了巫毒魔法。

有些狼人自愿变身。自愿变身的狼人都是巫师，他们和魔鬼签订了契约，然后通过以下途径进行变身：使用狼皮或魔法腰带、服用草根、涂抹药膏、饮神秘溪水、施展魔法，或是诸如游过溪流或地上翻滚（癫痫病人经常被误以为是狼人）之类的行为。非自愿者也会变身为狼人，通常是因为巫师所下的家族诅咒或魔法——因为巫师遵从魔鬼差遣或为有钱人所雇，又或纯粹是对他人憎恨。假如一个人出生在特殊的部族里，比如哈德拉毛省的赛亚人、闪米特人或爱尔兰的奥索雷人，那么他也会变成一个狼人。波兰人相信，在一个婚礼现场，只要把狼皮放在门槛上，那么跨过这个门槛的人就会变成狼。欧洲人则普遍相信，不幸地出生在平安夜的孩子都将变成狼人。斯拉夫人认为，出生时脚先出来的会变成狼人。斯堪的纳维亚人以为会变成狼人的，是家里出生的第七个女孩。而根据高加索的传说，红杏出墙的女子会变成狼人，长达七年。

现代英语作家艾略特·奥唐纳（Elliot O'Donnell）在其《狼人》一书中写道，狼人可以从眉毛、手指、指甲、耳朵、步法来分辨："其眉毛一般长而直，略倾斜，双眉在鼻子上以一定的角度交汇；其中指比其他手指略长；其指甲红色、杏仁形且弯曲；其耳朵在头的位置上偏低且后；其步法大步流星，左摇右摆，正表明了他其实是某种动物。"以人形出现时，他的肩胛之间有退化的尾巴痕迹，且俄罗斯人相信他的舌下有刚毛。以狼人的外形出现时，他是没有尾巴的。

狼人只要穿上衣服、卸下狼皮，或者把腰带扣到第九个孔，他就会变回人形。要想把他治愈，就要将他的狼皮烧毁，或者在他的前额砍三刀使他流血，或者叫唤他的基督教名，宣称撒旦的傀儡失效。在丹麦有个名叫彼得·安德森的狼人，他在袭击老婆时，被老婆扔围裙到脸上而受到诅咒——这些做法是他事先告诉她的。另一个人是因为儿子朝他扔了一顶帽子而受到诅咒。狼人可能会被逮捕、被缚住和被驱魔。根据奥唐纳的说法，一个常见的驱魔药剂如下：42.5 克的硫黄，42.5 克的阿魏胶（也叫魔鬼粪），35.4 克的春泉中的海狸香。还有一个如下：35.4 克的金丝桃和 85 克的醋混合而成。这些混合剂在诸如信魔者的夜半集会这样的场合使用，由牧师和受害人的朋友实施，而受害人在过程中被火烧，且被少女拿着鞭子抽打。花楸树、黑麦还有槲寄生被认为是驱逐狼人的有效保护措施。

狼对中世纪的人们造成了真实和想象的威胁。而且，狼人传说符合宗教裁判所的需求，这个审判所比任何一个机构都更加热衷于用狂热的迫害来维持人们的宗教信仰。要不是因为这两点，狼人现象就会逐渐从乡村民俗中淡出。

基督教会从始至终都严阵以待，假如无须对抗敌人，它就会失去身份。对信奉基督教的皇帝来说，敌人就是整个国家，其次就是北欧的多神教，之后才是十字军东侵和异教徒之战。在查理大帝统治时期，敌人是暴起的异端，尤其是改革者。到了 13 世纪宗教裁判所时期，教会对于敌人的概念相当清晰：敌人就是异教徒，异教徒背后的傀儡主人是魔鬼，如狼进了羊圈。对神学家来说，魔鬼曾经只是模糊的概念，而今已经发展出成熟的个性。中世纪初，他就是超乎常人的存在，真实得就像猪圈里的猪把孩子撕碎一样。异教徒是将基督教从地球上毁灭的手段，因此基督教只有先下手为强才能征服敌人。女巫、男巫和社会改革者都是教会最明显、最危险的敌人，因为他们会刺激在中世纪的疲软中萌生的教会和政治改革。女巫、男巫和被附体者都要被带到一个模拟法庭去，然后被判为异端，并处以极刑。

想要指控巫师使用巫术或魔法是非常容易的，比如看见他披着狼皮在乡村猎杀小孩，或者派遣狼群去危害基督教徒的羊群。实质的胡说八道被认为证据确凿。因为一些很小的原因，比如邻居的一句闲话，笨蛋的一句乱语，或是在有人声称用尖树枝刺伤狼之后，恰好碰到刮胡子刮伤的，甚至是因为其他微不足道的理由，数千人就被烧死在火桩上。仅仅是依据少量证据，宗教裁判所就对人们进行快速而绝对的无法逆转的定罪，这种做法所带来的歇斯底里和威逼震慑使宗教裁判所成为吃人的机构。人们想让社会稳定有序，摆脱苦恼，而又容易采用简单的方式。他们相信，狼人在乡间乱窜，为恶魔效力，从而导致了畸形的儿童、统治者的骚扰、上帝的愤怒触发的厄运和狰狞的杀人犯等乱象。与此同时，随着“文明人呐喊的需求”增多，欧洲将狼驱逐的欲望也在不断增加。这恐怕不是巧合。

狼和看起来相似的狼人成为每个人心中邪恶的象征。（奇怪的是，在这之前，狼人几乎不是教会所关注的事。美因茨市的大主教在870年的一次布道中斥骂了撒克逊人迷信变身的观点。但是到了1270年，狼人就成了恶魔的化身，而且不相信狼人存在的，都被认为是叛教。）牧羊人看管着羊群，所以憎恨狼；牧师照管着百姓，因此也憎恨狼。高尚的人们决心要把狼群赶出国家，以营造良好的文明氛围。英格兰的埃德加要求威尔士国王每年进贡 3000 只狼；投资了家禽的地主谴责狼群；而中产阶级的妇女把妓女当作虎狼，因为她们认为自己的儿子就是被这些荡妇吞噬了灵魂。

宗教裁判所在百姓之中找出了许多男巫和女巫，人们因此感到恐惧，由此陷入了无尽的控告和反控告之中。这个时期的历史学家写道，这种歇斯底里就像流行的瘟疫。

对狼人的过分迫害 —— 女巫处以绞刑，狼人则活活烧死 —— 是有合法依据的。首先，据推断，男巫会伪装成狼，因为好人最憎恨的就是狼。其次，教会教义宣称男巫只有和恶魔达成契约才会伤害人类。最后，狼是恶魔的爪牙，为了办成事情而化身为狼。这种象征逻辑在人类历史上最令人作呕的文献 ——1487 年出版的《女巫之锤》—— 中形成。这个书名源于异端审判官授予的另一个名字：异端之锤。这本书的目的是为了对任何否定狼人存在的言论进行冗长的学术反驳。

"锤"一词致力于证明，化身狼人者和恶魔携手行动，因此教会对其判刑是恰如其分的。在书页之间，迷信和传说竟然得到了理论依据，这使得狼人的观念不再只是教会教义的规定，而且还是时代思想的新潮。（自然，灭除狼群从来都未曾过时。）《女巫之锤》中好几处地方直接提及狼人。书中引用《利未记》（"如果你不遵从我的法令，我将会派遣旷野之兽来对抗你，吃掉你的家禽"）和《申命记》（"我将会派遣猛兽之爪牙朝他们飞奔过去"）的原文，说道：狼或许为上帝效劳，被派来惩罚邪恶；它又或许为恶魔效劳，在上帝的应允下，被遣以骚扰好人。（可见在当时的认知中，狼没有中间立场来做自己，即动物本身。）

女巫可以把人变成狼，但是这种变形实际上是对旁观者用了障眼法，因为只有上帝本人能变形。一只被恶魔所控制的真正的狼犯下了残害他人的罪行，这是学术上的吹毛求疵。狼人和死去的受害者一样真实——对教会而言，狼人就像恶魔一样真实。恶魔制造幻象，须经上帝允许，这样的神学观点入木三分，因为它维持了上帝的至高无上，恶魔也要居于其下。这种观点也为人类的苦难赋予意义。但是，更重要的是，决战狼人使得人们更加靠近上帝，而焚烧狼人就是以上帝之名去毁坏邪恶的庙宇。

人们想知道，是否有人因为这愚蠢的逻辑而战栗——如果不是对痛苦平息有太多的怀疑，也许《女巫之锤》就不会出现了。人们因为正义之行而宽恕暴力，然后就为此感到内疚，这在历史上已经见怪不怪。确实，那些宽恕严重暴行的人，有时也是偷窥恶行的癖好者。1590 年 3 月 31 日，彼得·施通普（Peter Stump）因为谋杀、乱伦、强奸和以狼形进行鸡奸等罪名，在德国被判死刑。不久后就出现了一个小册，其中详述了他的罪行，细说那些丑事。这种偷窥者在中世纪狂热的狼人搜查中扮演怎样的角色，今天我们无法去评判。

狼人也给了上层阶级一个借口，让他们对不良分子进行大清洗。一个很好的例子就是 1570 年代对吉尔斯·加尼叶（Giles Garnier）的审判，他是一个隐士，住在里昂市外的一个洞穴里。在该地区，有一只狼猎杀了一些孩子，而有一天在树林里，有人看到加尼叶正在吃死尸的腐肉，还用腐肉喂养家人。在法庭上，他起初不明白自身的处境，直到承认和恶魔签下契约，坦白犯下了杀死六七个小孩的罪行，他才感到害怕。人们毫不迟疑地把他活活烧死，那是1573年1月18日，在里昂市附近的多尔。蒙塔古·萨默斯（Montague Summers）是个古怪的书呆子，也是专门研究过度猎杀巫师的人类学家，他写道："上帝所恶，不喜人类，还有什么结局，还有什么奖赏，比火桩更好？借此，他们很快把他烧死，将其骨灰撒在风里，被虚无和救赎带走。"就我们所知，这是唯一因为当乞丐而犯罪、招致厄运的人。

16世纪初，巴黎有个裁缝性侵儿童，虐童致死，然后为其抹粉，穿衣打扮。这个裁缝被当作狼人，且被活活烧死。在1521年，迈克尔·凡尔登（Michel Verdun）和皮埃尔·比尔戈（Pierre Burgot）被起诉和狼性交，并被处以死刑。另一个著名的法国案件是关于一个14岁的男孩，让·格勒尼埃（Gean Grenier）。他承认自己是个狼人，并且指证他的父亲以及父亲的朋友。他原本被判在1603年9月6日执行死刑，但是却被波尔多一家天主教方济会的男修道院度化了。接下来的八年，他都在这家修道院周围赤足乱跑，精神错乱，身体畸形，病态地生活。

他究竟是什么的受害者？这是一个穿透人类灵魂的问题。

在所有的国家的异教敌人和政治敌人中，有不计其数的精神错乱的、罹患癫痫的、头脑简单的、心理失常的人。这些人被送上法庭，被定了罪名。他们被判为社会的敌人，但是他们和狼的关系是极其微弱的，狼人则是幻想出来的。

这些审判，这段歇斯底里的时期，食尸鬼般的、性堕落的狼/人画面，固化在人们的想象中，并在数百年后出现在《巴黎狼人》这样的或更差的通俗小说中。因此重新审视这一切是有意义的。蒙塔古·萨默斯沉浸在那个时代的想象中，他写道："狼人喜欢撕扯人肉，舔受害者的鲜血，然后鼓着塞饱的肚子，带着温热的、颤动的人的内脏，去参加信魔者的夜半集会。狼人出席聚会以表敬意，却玷污了巨羊的祭品，后者坐在崇拜和敬慕的王座上。狼人的嗜好可谓道德败坏，灭绝人性。在发情时，他和凶猛的女狼交配。"正是中世纪的这种扭曲的观点培养了人们的想象力，从而保留了一个狼的形象，这形象并非在自然界毫无根据，但几乎完全是人类焦虑的映射。

狼人没有对应物，因为在狼的形象中，没有善的、好的力量被大力普及。但是在某种意义上，和狼孩有关的民间信仰、民间传说——人类小孩被父母遗弃后，由母狼抚养长大——就是一种补充的形象。

野外的，或者说野生的、狼养的小孩在传说和现实中早已存在。其中最著名的，就是罗慕路斯和雷穆斯的故事，这简直就是一件不可思议的事情。普鲁塔克在《希腊和罗马贵族的生活》一书中告诉我们，当时（1 世纪）最多人相信的故事就是这两人是艾丽亚（Ilia）、瑞亚（Rhea）或萨尔维亚（Silvia）的孪生儿子。她是维斯太贞女，孩子出生后——玛尔斯（Mars）应该是其父亲——被流放到荒野之地。一个叫作福斯图卢斯（Faustulus）的养猪的人被要求送走这两个孩子，而他却把他们带回了家。谣传他的妻子是个"荡妇"（拉丁语原文意为"妓女"和"母狼"，可能是源于"lupa"这个词的混淆）。其他版本的故事说在福斯图卢斯营救这对双胞胎之前，他们和狼群共同生活了一段时间。土耳其的缔造者据传说也曾被狼群抚养。

卢梭提及一个叫海塞的狼孩，他在1344年出现。1758年，林奈在《人类胎儿》一书中区分了九种动物抚养的孩子，包括羊孩、熊孩、牛孩、猪孩等。在19世纪末之前，他和其他人描述了将近四十个这样的孩子。到了20世纪，印度报道了一连串的狼孩，还有非洲的狒狒孩、瞪羚孩、猴孩等。

狼女

在美国的狼孩故事较少，但是在得克萨斯州有一个关于狼女的故事。她在魔鬼河长大，即今天的德尔里奥市。据说，这个女孩是在1835年5月出生，在干溪谷和魔鬼河的交汇处。她的妈妈茉莉·普塔尔·登特（Mollie Pertul Dent）死于分娩，而爸爸约翰·登特（John Dent）死于发生在数里外农场的一次雷暴，当时他正骑马去农场求助。孩子从未被找到，人们猜想她已经在登特家偏僻的小屋中被狼吃掉了。

1845年，一个住在圣费利佩（德尔里奥市）的男孩说看到一个“看起来像赤裸女孩的生物，脸上覆盖着长发”。男孩看到她和几只狼一起攻击羊群。一年之内，其他人也冒出相似的说法，证实男孩所言非虚。并且，阿帕切族的故事讲述了在那片地区的狼迹中，好几次都发现了一个孩子的脚印，于是人们组织了一次搜捕行动。

在追捕的第三天，那个女孩被围困在峡谷的角落里。和她同行的狼试图驱逐人们，对人们发动攻击，最终被击毙了。女孩被绑起来，带到了最近的农场里。人们帮她松绑，然后将她关起来。

当晚，女孩响亮的、哀伤的、不断的嚎叫引来了大批狼，它们来到了农场周边，家禽全都恐慌起来，而女孩趁乱逃跑了。

接下来7年，没有人看见过她。到了1852年，一个探索通往厄尔巴索市新路线的调查人员在格兰德河看见她，那里远在该河和魔鬼河交汇处的上游。她当时带着两只幼崽。在那之后，就再也没有人看见过她。

这些孩子都被称为狼孩，因为人们认为他们是被野生动物养大的，而且因为在人类眼中，他们的行为举止就像野狼一般。他们不喜欢穿衣服，嗜好吃生肉，在白天寻找黑暗，而在夜里游荡。他们嚎叫，撕碎人肉，哪怕那些人想要照顾他们。他们痛苦的时候，会张开嘴唇；热了就气喘吁吁，并且手脚并用地走路。如果在一片有狼生存的林子中找到了一个这样的孩子，那么人们只需借助一点点想象力，就会相信这个孩子是狼抚养长大的。

让我回到让·格勒尼埃的话题。他是一个心理失常的孩子，而且他的刑罚被减轻了。狼人还有另外一个事实方面需要审视，那就是：变狼术的信仰是否只是一种病态的抑郁症和精神错乱，和诅咒、恶魔或吃人肉无关？这个观点得到一些心理学家的支持，但是任何变狼术显然都无法和歇斯底里或民间迷信脱离干系。让·格勒尼埃可能就是这样的一个受害者。在他去世之前，有一个名叫皮埃尔·德·兰克（Pierre de Lancre）的男人，曾经每年都去拜访他。这个男人说他骨瘦如柴，面容憔悴，双手畸形，指甲如爪；他手足并用地跑动，非常灵活，还会吃腐肉。

假如让·格勒尼埃在两百年后出现的话，他可能会有不同的命运。事实上，让·格勒尼埃来自阿韦龙省，如果他落到了天资聪颖的法国老师让·伊塔德（Jean Itard）的手里，也许他就会给世界留下更多的解释，让人们去了解像他这样的野孩子。

在20世纪50年代，在芝加哥大学的索尼亚·香克曼发展矫正学校（Sonia Shankman Orthogenis School），让·格勒尼埃这样的孩子就可以接受心理学家的治疗了。在这些野孩子当中，有人在自己的房间内搭起了巢穴，吃起了生肉。其中有个小女孩反复攻击一个女员工，导致她在数月之中寻求医学帮助多达12次。这个小女孩会花几个小时舔食盐粒，夜里则在走廊上又跑又跳，显然这些是她的乐趣。但是，这些野孩子不是从森林中救出来的，而是来自美国的中产阶级家庭。他们是严重自闭的孩子。

狼孩的概念，即关于由狼抚养长大的人类小孩的观点，得到了广泛传播。但是，不同作家笔下描述的狼孩极有可能是自闭症或是精神错乱的孩子，由于先天原因或心理原因，或者两者皆有使然。因此，狼抚养的人类的孩子是否真正存在，这是一个没有答案乃至于没有意义的问题。

但是不可否认，人们确信它的存在。这种观点要想扎根也是很容易的，因为狼有时确实会盗走人类婴孩，尤其在印度，孩子被放在没人照看的野地里。可是无论人们把狼想得多坏，仍有人认为它们是慈母和良母。狼照看人类的小孩似乎是可信的，因为很多文化都提及山羊之类的动物照顾人类的小孩的故事，正如动物母亲去世之后，人类会照看它们的孩子一样。

阿韦龙省的维克托是最著名的野孩子，他被富有爱心的医生和言语治疗师让·伊塔德治疗了多年。伊塔德一定是个精力充沛、富有爱心、充满善良的人。但是，他对维克托治疗的效果是有限的。维克托有着所谓狼孩的典型特征，比如他从未学会说话，而且因为性欲而困惑不已。他到40岁去世。伊塔德对这个男孩的照顾，以及他向政府提出不再因无望而抛弃这些孩子的请求，构成了人类照看史上最为感人的片段之一。

但是在印度，有一个对野孩阿玛拉、卡玛拉（Amala, Kamala）进行改造的例子，告诉我们不同的故事。这段狼与人孩的故事，是唯一一段证实两者直接关系的现代记录。

那是1920年10月9日，一个周六的黄昏，J. A. L. 辛格（J. A. L. Singh）牧师在距离加尔各答120千米外的戈达暮里村看到了阿玛拉和卡玛拉。

6世纪的爱尔兰主教圣·艾尔贝（Saint Ailbe）生而为奴隶之子。他出生后不久，他的母亲就不得不听从主人的命令，把他带走，丢弃到荒郊野外。一只狼对他产生同情，并照看了他。后来有个猎人找到了他，再后来他成为艾米丽地区的主教。有一天，一只灰狼被猎人围捕，跑到主教家里，把头靠在他的大腿上。

主教把他的斗篷披到老狼身上，说："老母亲，我会保护你的。在我年幼时，我瘦弱无力，是你抚养我、珍惜我、保护我。现在你老了，灰白而瘦弱，难道我不该用同样的关爱和照看来回报你吗？没有人会伤害你。每一天，你都可以带着你的幼崽前来，我会拿出面包和你们一起分享。"

他在一个蚁丘下面发现一个狼窝，三只成年狼被吓跑了，洞内还有两只狼崽和两个小女孩，惊恐地挤在一处。几个星期后，这个狼窝被挖出来，两只成年狼逃跑了，一只被击毙。两只狼崽和两个小女孩被带到戈达暮里村的市场上卖掉。阿玛拉和卡玛拉（后来为狼女取的名字）被圈养在笼子里，无法站立。后来，照看她们的男人将其遗弃。5日之后，辛格回来，发现两个小女孩躺在自己的粪便中，饥渴不已。她们非常虚弱，几乎无法从他的手帕上吸取水分。她们在11月4日被辛格的孤儿院收容了。

一年之后，阿玛拉去世，当时仅有2岁半。卡玛拉被发现时是8岁，她活到17岁左右。她因尿毒症在1929年11月24日死于孤儿院中。

阿玛拉和卡玛拉的行为举止就像上文提到的严重自闭的孩子，她们会咬人，嚎叫，吃生肉，喜黑暗，对冷热较敏感，听觉敏锐，鼻子灵敏，但是视力不好。就像阿韦龙省的维克托一样，她们难以掌握人类语言。阿玛拉从未直立走路，而卡玛拉学了好几年才学会，这是她们与其他野孩不同的地方。正如一个心理学家所言，这可能是由于她们被带出狼窝后的最初两周遭受创伤，因此退化到婴儿爬行行为了。

根据辛格的日记，以及一个医生在书中对他的赞扬，辛格教化卡玛拉的主要关注点是保证她穿上衣服，使用餐具就餐，参加常规的宗教仪式。他们似乎很少关心她别的方面。

辛格把卡玛拉的行为分成两类：狼的行为和人的行为。判断她进步的方式，就是看她改变了多少狼的行为，培养了多少人的习惯。根据辛格的定位，卡玛拉来的时候是个劣等人，而他们要把她改造成高等人。实际上，日记里经常出现的话是：要把一只恶魔的生灵，变成一只上帝的生灵。尽管他们是出于好意，但是在辛格的治疗中，他采取了一些相当暴虐的手段。他们把卡玛拉的头发剃掉了，因为不想她看起来“脏乱”。他们用缠腰布遮住她的性器官，将她紧紧束缚，让她无法挣脱布条。

辛格的日记坦露出他的自负。辛格夫人每天早上都给卡玛拉做背部按摩，当卡玛拉紧贴着她的时候，她就在日记中说卡玛拉开始表现出“人类的喜爱之情”。他们认为这种喜爱是人类独有的，这无疑是个愚蠢的大妄念。另一个小妄念就是辛格夫人决定要给卡玛拉按摩，其实被囚禁的狼群也常常会恳求人们给它们挠痒，或是其他的触碰。

阿玛拉和卡玛拉遭受父母的遗弃，在狼窝里寻求避难，可能心理严重失常。事实上，这样的孩子异常喜爱动物，尤其是狗。（辛格说他在狼窝里看见了小女孩，几日后把她们带了出来，但那并不意味着她们是在狼窝里生活的。）

我们无法证实这个故事，但是现今很多科学家相信辛格的话。

为什么我们会相信狼孩呢？我们如何区分狼的行为和人的行为呢？前一个问题比后一个更加容易理解。要对狼和人的行为加以区分，我们只怕会完全将自己愚弄了。正如亨利·贝斯顿所说，我们假设动物是可以充分理解的，可我们不过是在依样画葫芦。在我看来，我们的做法肯定会导致对动物的误解，因为这不过是我们对自己已有的想法的映射。

我们容易误解，以为“善意的狼”这种观点在文学、艺术和民俗中有着深厚的传统。其实，这种观念是愚蠢的现代愿望，这样的狼是不存在的。在文学作品中有善心的狼，有以德报怨的狼，但是没有抚育的狼——像罗慕路斯和雷穆斯在建立罗马帝国之前，由母狼哺育，得以维持生存。

但是我认为，养人母狼正是我们现在可以想象的形象。如果我们追溯到吕卡翁的时代，经过黑暗时期、中世纪，到今天，我们看看狼的形象，其中最重要的一点无非是：狼是邪恶的生物。但是到了 20 世纪，不知是出于愧疚，还是我们已经达到了一定的文明程度，可以开始思索了，我们开始寻找一只新的狼。我们渴望被更正，渴望知道过去关于狼的观点有多么失当，渴望知道真实的狼有多错综复杂，多深不可测。我想，我们在寻找一种方式，让动物回归神秘，与之保持距离，还原其个性，对它表示尊重。正如贝斯顿所说，我们要认识到动物不是教友，不是下属，而是和我们一同困在生物界的大网中。

就像迷途的孩子一样，我们似乎想要得到狼的原谅。我认为这是需要勇气的。

大多数人会说狼抚养人类的孩子这种观点是无知的，并对之不屑一顾。这也情有可原，但是在我看来并不明智。当我们从城市的“监狱”里往荒郊野外望去的时候，当我们摒弃那些荒谬的传统、愧疚或诡计，过着正直的生活的时候，我想我们可以求教于狼。我们的确在它们身上感到了勇气、毅力和直率。我们的确感觉到在茫茫宇宙中，它们是纯真的，而我们与之相异。

随着我们对与其他生物共享这颗星球的意识逐渐提升——这可能就是博物学的终极目标——人们意识到，对世界来说，除了人类之外还有其他生物，因此对狼的深刻思索可能是培养这一谦卑观念的部分尝试。从这个意义上说，我们刚刚学到养人母狼的品质——这个角色从罗慕路斯和雷穆斯的故事中而来——并且有了一定的进步。

第十三章
童年的印象

几年前的一个黄昏，我在纽约的摩根图书馆参观一个儿童文学的特殊展览。展出的有《伊索寓言》的一些早期版本，还有让·德·拉·封丹（Jean de la Fontaine）的寓言故事的早期版本。此外还有中世纪史诗《列那狐》的复印本，书中名叫埃森格林的狼是一个重要的角色。但是我尤其想要看的是夏尔·佩罗（Charles Perrault）的《附道德训诫的古代故事》的手抄本，其中收集了1697年在法国发表的童话故事，包括第一版的“小红帽”的故事。这本书被放在一截柱子上，用树脂玻璃罩着。它不仅仅是重要的物品，也是可以摸得到的证据，是儿童文学中为人熟知的反派角色的象征。

在儿童文学中找到狼的身影是很古怪的，因为文学作品中的狼都是成人创作出来，书中渗透了成人的恐惧、成人的幻想、成人的语言和成人的堕落，因此将动物故事看得过分简单是有误导性的。在过去两千五百年间，《伊索寓言》中的狼已经改变了一些，但是不变的是它依旧是不良行为的象征。在儿童的心里，它代表着一些真实的东西。历代小学生熟悉的，都是《伊索寓言》中的狼，不是科学的狼 —— 它卑鄙无耻，不大聪明，贪得无厌，容易上当，放肆无礼，而且道德沦丧。正是通过伊索（Aesop）、亚微亚奴斯（Avianus）、巴布里乌斯（Babrius）和费德鲁斯（Phaedrus）的寓言故事，很多孩子第一次接触到一个道德世界，这个世界似乎简单朴素，充满了世俗智慧，具有欺骗性。一些从小就对寓言故事耳濡目染的孩子除了相信寓言故事，从不去深入思索动物的真实故事，因此他们终生都相信狼是邪恶的，狐狸是狡猾的，蜜蜂是勤劳的，而驴子是愚蠢的。

作为成人，我们也经常把各种文学作品中的狼混到一起。但是寓言中的狼和童话中的狼是有差异的。寓言通常比较简短，爱说教，形式一般是没有情节的名言警句。在寓言中，狼性本恶被归因为它生而为狼，我们不可能对它的处境感到同情。童话中的狼并非可恨的，它并不凶险、恶毒，读者的反感也并不强烈。它根本就不是复杂的野兽。童话和民俗中的狼具有更加丰满的性格，它既能做出恶魔般邪恶的事情，偶尔也会表现出脉脉温情和坚定的忠诚。如果说寓言中的狼代表了大脑有意识的认知，那么童话中的狼则是无意识的，成为一种维持无意识性幻想的工具，而最近对“小红帽”故事的分析中，频繁发现这种情况。

寓言从显而易见的自然世界中获得道德和格言，因此这些道德似乎合乎时宜。另一方面，童话从抽象出发，更加引起我们深层的兴趣。我认为寓言是简慢唐突、愤世嫉俗的，而童话更加具有亲和力。尽管童话有时也有心理的黑暗，但是它能够虑及我们的焦虑和冲动，给予我们宽慰。

文学中的狼，不应该仅仅被当作是儿童的娱乐。从《伊索寓言》到杰克·伦敦（Jack London）的小说，狼对我们的想象力提出了广泛深远的要求。

现在雄狮怒吼，狼对月长嚎。

《仲夏夜之梦》v. 1. 379

你就像在责问豺狼为何要谋害羊群。

《威尼斯的商人》iv. 1. 73

它们已经吓跑了我的两只好羊，我担心狼会比主人更快找到它们。

《一个冬日的故事》iii. 3. 67

既然一切都好，就保持原样，不要叫醒沉睡的狼（自找麻烦）。

《亨利四世2》i. 2. 174

假如你是狼，你的贪婪会困扰着你，你需要为寻找食物而冒生命的危险。

《雅典的泰门》iv. 3. 337

相信狼的温顺，马的健康，男孩的爱，妓女的誓言，那就是疯子。

《李尔王》iii. 6. 20

龙之鳞，狼之牙，女巫之干尸。

《麦克白》iv. 1. 22

这就像爱尔兰的狼群对月嚎叫。

《皆大欢喜》v. 2. 119

它们进食像狼，打斗如魔。

《亨利五世》iii. 7. 162

《亨利六世》iv. 1. 3

骄傲如狼。

《奥赛罗》iii. 3. 304

欲望如狼，血腥、饥渴和贪婪。

《威尼斯的商人》iv. 1. 138

——约翰·巴特利特节选自《莎士比亚语词索引全集》

显然，北半球记载了狼的非凡文学作品汗牛充栋。起初人们想要细读这些作品集，从中获得人们对不同时期、不同地区的狼的知识，但是正如 G. K. 切斯特顿（G. K. Chesterton）在一篇《伊索寓言》的导读中所写："狮子永远必须比狼强壮，就像 4 必然是 2 的两倍一样 …… 寓言绝不允许巴尔扎克所说的'羊的反叛'。"也就是说，狼的性格或多或少是一致的。寓言集是对一个时代的政治和社会的讽咏，以及当时历史的哪些角色被当作豺狼一伙。伊凡·克里洛夫在一篇俄罗斯寓言中写到1812年出现的一只“狗窝里的狼”，它让一只灰毛的狼跟随牧人的绵羊。显然，灰毛的狼就是刚刚入侵俄罗斯的拿破仑。

可是，寓言中读到的，并非是狼常见的性格。根据作者、意图、读者等因素，不同的寓言家笔下的狼也会略有差异。因此我们在克雷洛夫的书中读到的狼展示出更多力量和智慧，而且更加贪得无厌。在13世纪出现了一本神秘的、说教的作品集，作者是犹太作家贝里克雅·本·纳初奈·哈纳丹（Berekhiah ben Natronai ha-Nakdan），书中描写的狼更加阴险和邪恶。和早期的作品集相比，拉·封丹笔下的狼个性更加丰富，自我意识更加强烈。而18世纪的英国戏剧家爱德华·穆尔（Edward Moore）在其寓言故事《狼、羊和羊羔》中创造了一只蓄意作恶、无情杀戮的狼。这只狼向羊提亲，讨其女儿做他的新娘。结婚以后，羊妻子因为狼丈夫每日杀羊饱餐而活在恐惧中。有一天，狼差点被猎人射杀，于是他污蔑羊妻子背叛亲夫，指控她故意引来猎人。最后，他愤怒地说：“你这个卑鄙的女叛徒，为此你得用血液/来浇灭我的愤怒，在森林中死去。”

今天我们称为《伊索寓言》的寓言故事，就像《自然哲学》那样，代表了口头文学的传统，即不止由一个作者撰写。我们知道的最早的《伊索寓言》是拉丁诗人费德鲁斯（Phaedrus）所写的抑扬格诗句。在希腊，最古老的《伊索寓言》出现在2世纪，作者是巴布里乌斯（Babrius），但是因为他曾住在近东地区，该书也受到当地的一些影响。1251年后出现的《伊索寓言》明显地受到了印度寓言集《比得拜寓言》的影响，也摘选了《五卷书》《益世嘉言》以及《本生经》中记录的佛陀化身动物的佛教故事。那时，波斯语版本的《伊索寓言》被翻译成阿拉伯语，然后被翻译成西班牙语和希伯来语，最后被翻译成拉丁语等（这些故事中讲述的豺的品质，最后在《伊索寓言》中都被转移到狼的身上）。4世纪的罗马诗人亚微亚奴斯（Avianus）广为流传的《伊索寓言》是基于巴布里乌斯的版本而写，但是由于东方世界对《伊索寓言》的影响一早就有，因此把狼的寓言故事当作是世界普遍的，这也是合理的。

很多人揣测：伊索这个人真的存在过吗？有些人认为他是公元前600年左右的希腊人，曾经是个奴隶，后来获得自由。他用寓言故事来对那个年代的不公正进行间接的批判。今天，北半球的人们几乎没人不知晓这个名字。

伊索寓言中的狼

狗和狼

这天，狼出来狩猎，一无所获。它饥肠辘辘，遇到了一只马士迪夫犬。它知道狗过的生活比它舒服，就问它需要干什么活，才能换来饱餐。狗说："也没什么，就是赶走乞丐，守护房子，亲近主人，服从家里的其他成员。做到这些，就可以食宿无忧了。"

狼仔细地思量，自己每日出生入死，有时餐风宿雨，也未能保证一餐饱饭。它想要尝试过另外一种生活。

当它们并肩而走的时候，狼发现狗脖子上的毛发比较稀疏，就问它是怎么回事。狗说："这是项圈和链条磨掉的。"狼忽然停住脚步，问："链条？难道你不能自由地去自己想去的地方吗？"狗说："不能。但是，这有什么？"狼一边跑开，一边说："太过分了，太过分了。"

狼和小羊

天气很热，小羊和狼同时来到溪边喝水解渴。狼在上游，但是他问小羊："你为什么弄脏了我的水？我都没法喝了。"小羊很害怕，但很礼貌地回答："我在下游，怎么可能弄脏你的水呢？"狼承认说，那可能是真的，但是他听到了小羊在背后说他的坏话。小羊说："我敢保证，这是一次诬告。"狼非常愤怒，他走近小羊，说："如果不是你，那就是你爸爸。反正都一样！"说完之后，他就把小羊吃了。

狼和鼠

狼偷了一只羊，回到树林去饱餐一顿。当他午睡醒来时，他看见一只老鼠在啃咬他吃剩的肉。老鼠见到狼醒了，很惊讶，赶紧偷了一块肉就跑。狼跳了起来，大声嚎叫："我被打劫了！我被打劫了！抓住那个小偷！"

牧羊的男孩和狼

一个男孩在村庄附近放羊，他感到很无聊。他想，要是假装狼来了，那多有趣啊。于是他大声呼唤："狼来了！狼来了！"村民们听到后都赶来了，可是并没有发现狼的踪迹，只有男孩一直在大笑。他一而再、再而三地以此愚弄村民，每一次村民匆忙赶来，只是又被欺骗。有一天，狼真的来了，男孩叫唤"狼来了"，但是这一次没有人来了。村民都以为他又在开玩笑了。

狼和猎人

一个猎人用弓箭射杀了一只山羊，把它扛在肩膀上，然后走路回家。在路上，他看到一只野猪，于是放下山羊，用箭射杀野猪。箭没射中野猪的心脏，在死去之前，野猪给了猎人致命的刺伤。

一只狼闻到了血迹，来到了现场。他看见这么多肉，心生欢喜。但是，它决定谨慎行事，先吃口感最差的，然后再吃最柔软、最美味的部分。它决定最先吃的是弓弦，于是送到嘴边，开始啃咬。弓弦断了，弓杆弹开，刺进了狼的肚子，它也死了。

狼和鹤

一天，狼的喉咙被一根骨刺卡住了，无法取出，因此它四处找人帮忙。最后，一只鹤提供帮助。它把长长的鸟喙伸进狼的喉咙里，取出了骨刺。鹤问狼要点报酬，可是狼说："我没有把你的脑袋咬下来，你就很幸运了。这就是你要的报酬。"

狼帮狗

一只狗终生帮人干活，到了暮年，主人认为它没用了，要把它赶走，让它去自生自灭。一天，狗遇到了狼，诉说了它的窘况。狼因同情，和狗想出了一个计划：狗将回到主人的住处，而狼在其后袭击羊群。狗把狼赶出来，两者假装打架，然后狼被赶跑。这样一来，狗就在主人的面前力挽狂澜。

事情按照计划进行了。狗因为勇猛、忠诚而受到表扬。它又受到主人的青睐，并且有望得到温饱，直到老死。

一周后，狼回来了，让狗回报那次帮忙。当晚，狗偷偷把狼带到宴会上，让它躺在餐桌旁吃餐余食物。事情进展顺利，没有人起疑心，直到狼吃得太饱了，发出大声的狼嚎。主人发现了狼，猜到了它们的诡计，就把狼和狗一起踢出了房子。

狼和牧人

一天晚上，一只狼经过羊群，闻到了煮羊肉的味道。它偷偷靠近，在树林里偷看。一只羊正在火上烤，牧羊人在说羊肉多美味。狼心里想，假如是我做了这样的事情，他们就会咒骂我，并拿棍子和石头追打我。

中世纪出现了许多《伊索寓言》的自由改写本和原版作品集，巴布里乌斯、亚微亚奴斯和费德鲁斯均是载入史册的寓言家。1175年，玛丽·德·法兰西写了类似的寓言故事。1480年，威廉·卡克斯顿出版了第一本英语版的《伊索寓言》。就连列奥纳多·达·芬奇（Leonardo da Vinci）也跃跃欲试。文艺复兴时期的学者开始对寓言表现出浓厚的文学兴趣，在17世纪早期，成百上千的作家在某种程度上写了伊索寓言。其中比较流行的作品包括英格兰的约翰·盖伊（John Gay）、德国的戈特霍尔德·莱辛（Gotthold Lessing）和法国的拉·封丹，拉·封丹是迄今为止最为著名的。有趣的是，拉·封丹写作的时期，恰好笛卡儿提出动物是没有灵魂的禽兽，而人是独特的神秘的创作。法国知识分子就这一命题进行辩论，拉·封丹对此表示强烈反对，这种态度在他的寓言作品中反映出来，即他对狼的描写不仅停留在过去的兴趣上。稍后我们再说他。

1818年，托马斯·比威克（Thomas Bewick）出版了一本个人特色明显的英语版《伊索寓言》，他笔下的狼都有惊人的大眼和大脚。比威克这种夸张的文风代表了《伊索寓言》当时的特征。

虽然比威克生活在一个更加开明的时代，但是他的作品超出了传统的范围，正和寓言中的狼相称。他笔下的狼都是天性邪恶、本性堕落、不大聪明。有趣的是，在比威克笔下，狐狸的聪明到了狼的身上就变成了欺诈，狐狸的妙计到了狼的身上就成了诓骗。他也把道德引到寓言中，他责骂不知感恩，责骂缺少警觉、恶霸专权，也责骂轻易上当和冒失莽撞。对他来说，狼主要代表了鲁莽和堕落——没有良知的专制。因此，在《狼和小羊》的故事中，他谴责了嗜血残暴，揭示了“像狼那样善妒贪婪的人，不能容忍真善美的出现”的道理。这也是为何故事中狼要把羊杀害的原因。这就是狼的本性。比威克也这样讨论人，他说某些群体就像狼群一样，“天性受到邪恶的影响，血液受到恶行的浸染，这些罪恶是世代相传、习以为常的”。另一方面，在《狗和狼》的故事中，比威克对暴行的厌恶使他向我们展示了一只高尚的狼。他写到狼展示了“真正崇高的灵魂”。

俄国的比威克，即伊凡·克里洛夫，是最伟大的俄罗斯寓言家。在彼得格勒的夏宫，有一座他的雕像，和纽约中心公园的汉斯·克里斯蒂安·安徒生（Hans Christian Andersen）雕塑一样著名。克里洛夫擅长讲故事，因此他笔下的狼是寓言中最丰富的，比欧洲其他寓言中的狼更加强大、更加骇人。在孤独的冬日夜晚，狼群号叫着围捕雪橇，俄国人对此感到惧怕。我倾向于认为克里洛夫是从这种恐惧中获得灵感，又反过来加深了这种恐惧。但是克里洛夫也具有幽默感，我最喜欢的寓言是《沙尘里的狼》。一只狼想从羊群里偷一只羊，他借着羊群扬起的沙尘，逆风靠近它们。牧羊犬看到了，就说：“你在沙尘中晃荡是没用的，这对你的眼睛不好。”

“反正我的眼睛也不好”，狼在赶羊声中喊回去，“但是有人说羊踢起的沙尘能治眼，因此我才会在下风的地方。”

让·德·拉·封丹在夏托-蒂埃里（Chateau-Thierry）长大，在写作之前，他就熟知动物，了解自然。他的寓言是技巧高超的诗歌，高度讽刺，广受模仿。在他的时代，文学评论家对寓言这种文学形式表示轻蔑，说其主旨乏味，无法比拟诗歌。拉·封丹则不同意，最后他终于进入了法国的学术圈。巴黎的文化沙龙对拉·封丹寓言价值的争论——其形式、道德、讽刺对象——促成了当时最热门的辩论话题的产生：动物的自然本性，以及其在宇宙中的地位。

到了此时,《动物寓言集》的伪科学观点开始衰落，而得益于弗朗西斯·培根（Francis Bacon）对科学方法的呼吁，博物学开始崛起。霍布斯大部分时间都在法国生活，但是他用英语写作。他说人不过是政治摆布的齿轮，一台小小的机器[①]。勒内·笛卡儿把动物描绘成“兽类机器”，是和人不同的没有灵魂的生物[②]。那时的理性主义者建构了一个可以预言的、死气沉沉的宇宙。

笛卡儿的二元论是17世纪最普遍的主题，它在当今动物学中的反响非常强烈，就和在1640年代的巴黎一样。二元论认为动物没有灵魂，它们不过是机器。人类这种对待自身以外的其他生命形式的方式是不负责任的、机械论的。正是这种观点主宰了当时的生物科学，从而给奥杜邦留下了一定的道德空间。他为了画一幅精确的动物绘画而射杀上百只鸟，否则他会更加受人敬仰。对野生动物

① 机械论观点。
② 二元论观点。

的机械论方法让生物学家下了一个灾难性的、目光短浅的结论：动物可被装箱，可被解剖，可被描述，可被重装，然后放回架子上。这种观点直到现在才开始在动物学中消失。

拉·封丹的观点和笛卡儿迥然相异。他认为动物不但有灵魂，而且能够理性思考。蒙田（Montaigne）在《为雷蒙·塞朋德辩护》这篇著名的散文中对那时武断的臆想表示尖锐的质疑。其中，他攻击最多的一个罪行就是像笛卡儿这样的科学家自鸣得意地对待动物的方式。蒙田反对通过描述去摆脱事情的强迫性愿望，他认为这种行为不但愚蠢，而且盲目自大。他正确地洞察到只要去掉动物的神秘性，那么剩下的就是好奇心。

但是这些声音孤立无援。

在拉·封丹去世后的一个世纪，寓言迎来了一次复兴——虽然一开始只有一种形式——它已经厌倦了社会讽刺的形式。它被如《格列佛游记》这样的长长的动物叙事作品替代，还有《列那狐和埃森格林狼》这种14世纪起就广泛流传的故事。

《埃森格林狼》是一首拉丁诗歌，约6600行，由比利时根特市的尼沃德斯在1150年左右撰写。这是对当时口头文学传统的第一次文学记录。故事基于一对长期的死敌，其中一个是代表下层贵族的埃森格林狼，另一个是代表了农民英雄的列那狐。法语版的《列那狐传奇》由13世纪的几个作家撰写，并且很快就广受欢迎。列那狐妙趣横生的侮辱和欺骗，以及他骑士般漫不经心的轻蔑动作可以让被压迫者感到愉快。他对富有的牧师、愚蠢的贵族、不受欢迎的君主以及政治和教会的虐待进行辛辣的批判，得到很多的声援。

故事的套路通常都是以列那狐被狮子国王传召到法庭开始，他要就埃森格林狼和其他人针对他的控告进行申辩。列那狐利用巧妙迂回的智慧和恰到好处的美言来为自己辩护。除了埃森格林狼，所有人都取悦他，迎合他，这时他自愿去冒险以自证清白。他走了之后，我们就看到他更多的欺骗和残酷。通常在这些故事中，埃森格林狼都会被杀死。

埃森格林狼永远受到列那狐愚弄，但是在今天的故事里有一种喜爱他们的意味。尽管埃森格林狼遭受了欺骗，他基本上说的都是实话，而且尝试去过正常的生活。他还很忠诚。列那狐则满口谎言，盲目自大，完全灭绝人性，是非不分而且残酷无情。一开始他总能侥幸逃脱，但是在后来的版本中，他因为背叛而遭受惩罚。在《列那狐最可喜可爱的历史：第二部分》（1681 年）一书中，机智和有趣取代了无情和邪恶，而且最后列那狐和埃森格林狼一起被杀死了。而在《列那狐的儿子雷纳诺丁的转变》（1684 年）一书中，雷纳诺丁因为恶行而被处绞刑。

在列那狐的故事中，我们对值得同情的埃森格林狼匆忙一窥，回想起帕勒尼的威廉（William of Parlerne）笔下的英雄狼人，以及偶尔在民俗中出现的富有同情心的狼。这些狼通常都作为孩子的向导，展示了热情、同情和自我牺牲，和贪婪野兽的残忍形象大相径庭。

有些故事从列那狐中脱离出来，成为独立的狼和狐狸的故事，还有一些原创作品，因此今天就有许多狐狸和狼的故事。在大多数故事中，狐狸都比狼匆忙，让狼去做一些蠢事，比如让狼把自己的尾巴伸进河冰的洞里去钓鱼，结果却被冻在那里，最后尾巴断了。

道德民俗中的狼比寓言和列那狐故事中的狼更加丰富。在雅各布和威廉·格林（Jacob and Wilhelm Grimm）[①]的作品集中，狼似乎简单易懂，可以预测，而在其他的作品集中，他或口齿伶俐，或洞若观火，或阴险毒辣，或愚不可及，或讨人喜爱。通常，如在乔治王朝期间的（俄罗斯）民间小说《是非故事》中所写那般，狼被忘恩负义之人狠心对待，但是仍然继续帮助他们。在一个著名的俄国故事中《火鸟》中，狼帮助国王最小的儿子找到了一只火鸟，那只火鸟偷了他父王的金苹果。他拯救了公主，为男孩找到一匹良马，并且保护他免受哥哥的残害。尽管男孩引发了一个又一个的问题，但是狼始终不离不弃。

狼的另一方面就是受到帮助但却背叛恩人，比如《狼和鹤》的寓言故事。在中国故事《中山狼》中，一个书生[②]遇到了一只狼在躲避猎人的追杀，于是好心地把他藏在他的书袋里。等到猎人走后，他才把狼放出来。狼立刻说想要吃他的肉，他拒绝了，并且和他达成协议，让第一个路人来评理。第一个人来了，说要情景再现，让狼爬进了书袋里，然后把狼打死了。他赞扬书生的同情心，也批判了他的愚蠢。在其他的故事中，狼和他的恩人遇到了三个陌生人，他们都赞成狼的话，于是狼就把之前的朋友吃掉了。世界上的好心总是很快就被遗忘。

狼和狗的故事形成了独特的风格。其中最为经典的当属威尔士关于一只巨犬“格雷特”的古老的故事。卢埃林王子外出打猎，把

① 格林兄弟。
② 东郭先生。

婴孩留给格雷特照看。一只狼偷溜进城堡，一场激烈的打斗发生了，婴孩的摇篮被掀翻。格雷特最终把狼杀死，自己疲惫地躺在地上。卢埃林回来后，看到了倾覆的摇篮，和沾满鲜血的狗，他怒发冲冠，用手中的矛刺进狗的身体。当他把摇篮翻过来之后，才发现熟睡的孩子和死去的狼。

在《七个故事中的狼》中，有一只年迈的狼知道自己的日子所剩无几，于是拜访了周边的牧羊人。他请求遇到的第一个牧羊人，如果给他足够的羊果腹，那他就不再威胁羊群，不再过多杀取。牧羊人拒绝了。狼请求第二个牧羊人每年给他三只羊，又遭到拒绝。于是，他请求第三个牧羊人每年给他一只羊，牧羊人说他诡计多端，将他赶跑。到了第四个，狼请求去当牧羊犬，防卫狼犬。到了第五个，他保证只吃自然死去的羊。到了第六个，他说他会献上他的狼皮。最后，每个人都拒绝他，于是狼回过头来，对每个人的羊群进行毁灭性的洗劫。

很多民间传说都强调了狼容易上当。在《狼的早餐》中，一只狼梦见有顿美味的早餐，醒来之后饥肠辘辘。他想要梦想成真，于是去找了野猪、公鸡、鹅、母马和她的马驹，以及一只公羊。他挨个地坦白自己要取对方的性命，但是每个动物都声东击西，最后逃跑了。他咒骂着自己的愚蠢，大叫着让人来割断他的尾巴，以为惩罚。恰好附近有个猎人满足了他的要求。因此我们都要小心，不要太相信梦想。

谢尔盖·普罗科菲耶夫（Serge Prokofiev）的《彼得与狼》是一个独特的类别。这是一个谐音的童话故事，讲述了小彼得和一只小鸟逮捕了一只狼，因为狼吃掉了他们的朋友鸭子。当追踪狼的猎人到达时，彼得请求他们饶恕狼的性命，并把他带到了一个动物园。

美国西北海岸有个神秘的、梦幻的美国本土故事，讲述了一个叫西姆的男孩变成了一只狼的故事。在西姆的双亲去世之后，他被哥哥、姐姐抛弃了，于是他开始追踪狼群，吃它们吃剩的东西。狼群对他很亲切，允许他靠近。一天下午，他的哥哥正在湖边钓鱼，忽然听到了一个孩子的哭泣声。他划着桨到了岸边，认出了西姆，发现他看起来有点像狼。小男孩哭喊着："哥哥，我的命运即将到来！我的痛苦就要结束！我会改变的！"说了这些以后，他和狼变得更像了。哥哥把独木舟拖上岸，追逐着西姆，想要抱住他，痛苦地呼唤："西姆！西姆！我的弟弟！我的弟弟！"但是小男孩挣脱了他的拥抱，一边跑着，一边呼号，叫着哥哥和姐姐的名字。很快他就完全变成一只狼，离开了。

狼被带进教室之前，老师让一群小学生把狼画出来。他们图画中的狼都有很大的犬牙。狼被带进来了，和它一起的男人开始谈论狼的事情。孩子们都被狼吓到了。当狼离开之后，老师让孩子们再画一幅画。这次他们画的狼没有大牙了，但是都有大足。

立陶宛人讲述过一只狼的故事，他保证要放弃猎杀动物，过一种神圣的生活。事情进展顺利，直到有一天，他走在路上，一只公鹅飞到了他的面前，他把公鹅的脖子扭断了。他说："鹅不该嗤笑圣人。"

《小红帽》《三只小猪》和《七只小羊》的故事可能是人们最为熟知的童话故事。狼在这些童话中扮演着恶魔的角色，其中可能只有第三个故事的情节需要再提：一只狼偶然偷听到一只母羊的话，于是跑到她的房子外面，模仿羊妈妈的暗号让她的七只小羊开门。小羊不相信外面是他们的妈妈，就让狼在窗户上展露白色的羊蹄以验明身份。狼用粉末将爪子染白，然后在窗外举起爪子。小羊信以为真，就把狼放了进去。除了躲在祖父斗篷中的最小的羊，狼把其他的小羊都吃了。羊妈妈回来后，小羊道出了实情。在一个猎人的帮助下，他们追捕了那只狼。狼在溪边睡觉，猎人剖开它的肚皮，把小羊救出来，再放上了石头，把狼的肚皮缝上。狼醒来之后，大吃一惊，然后跳进溪里，淹死了。

《小红帽》中的性暗示历来受到心理学家的引用，尽管夏尔·佩罗的原版故事呈现的是一个未解决的问题，与其说它是一个童话故事，不如说是带有寓意的警世故事。在夏尔·佩罗的版本中，狼吃掉了小红帽，这就是结局。在后来的版本中，小红帽被以不同的方式救走了。比如，根据伊奥娜（Iona）和彼得·奥皮（Peter Opie）所写的一个短篇故事《查塔林夫人的童话故事》（1868年），一只蜜蜂蜇到了狼，狼大声号叫惊动了山雀，山雀惊醒了猎人，猎人于是射了一箭，把狼杀死了。在19世纪40年代的版本中，小红帽大声呼救，她的爸爸跑来救了她。19世纪有个版本在布列塔尼非常流行，狼把外婆的血盛放在瓶子里，让小红帽把血喝下，然后再把她杀了。在格林兄弟的笔下，狼吃掉了小红帽并睡着了，它的鼾声惊动了猎人。猎人剖开了它的肚皮，救出了小红帽和她的外婆，并在狼的肚子里装了石头，这又让我们想起狼对石头的厌恶。还有一版小红帽的故事出现在1760年的英格兰，起了个有趣的书名叫作《小男孩和小女孩最爱读的书》。

詹姆斯·瑟伯（James Thurber）在1930年代的版本中描写了小红帽用藏在篮子里的一把手枪来射杀狼，并说："寓意：现在的小女孩不像过去那样好骗了。"

布鲁诺·贝特尔海姆（Bruno Bettelheim）在《魔法的种种用法》一书中用性的相关术语来分析小红帽的故事：一个花季少女用红帽子来宣示自己的性成熟，此时一个魅惑者前来引诱她，要她放弃贝特尔海姆所谓的现实原则（遵循外婆的道路）而采取享乐原则（出去采摘野花）。小红帽去采摘野花，后来忽然想起自己的差事。因此我们看到她矛盾不已，不知是遵循现实原则还是采取享乐原则。相似的情形再次出现，当外婆脱掉衣服，和狼躺在床上时，她不知是要留下来解决恋母情结，还是从床上逃之夭夭。贝特尔海姆说，男人的本性是小红帽要处理的问题，对她来说，这个问题被分成两个相对的形式：危险的魅惑者和救人的父亲。

"小红帽仿佛试图去理解男人矛盾的本性，去体验男人的不同个性：自我的自私、不合群、暴力和破坏的倾向（狼），和本我的无私、合群、体贴和保护的习性（猎人）。

小红帽受到广泛的喜爱，因为她心地善良而不循规蹈矩，因为她的命运告诉我们相信别人是件好事，但是容易掉入别人的圈套。假如我们内心不对狼有所青睐，那么它就无法驾驭我们。因此，看穿它的本性固然重要，但是更加重要的是去理解是什么让它对我们具有吸引力。尽管天真无邪很诱人，但是一辈子保持天真是危险的。"

贝特尔海姆又说道，狼的身上吸引人的是它能够同时带来刺激和焦虑，在贝特尔海姆看来正是孩子心中性行为的本质。

艾里希·弗洛姆（Erich Fromme）曾说，狼吃掉了小红帽，这代表了女性认为性行为的本质是毁灭性的敌对观点，也代表了男性通过造人来取代女性角色的欲望。

在另一种层面上，我认为《小红帽》也可作为一个延伸的比喻来审视。这个故事和《三只小猪》《七只小羊》一样是个暴力故事。对狼施暴是社会允许的。假如把放牛人和牧羊人当作为小红帽复仇的父亲，那就很容易将牛羊看作小女孩，而将狼看作潜在的强奸犯。这个说法并不好笑，因为当放牧者发现羊被杀害之后，所展示的气愤和报复心并不见得少于男人听到邻居小孩被人强奸的消息后所表现的怒火和复仇欲。

人们用狼的比喻，在性和暴力之间做了弗洛伊德式的联系，但是很快就会陷入分析的混乱。狼号称既具有女性破坏性，又具有男性破坏性，被当作对男性本我的一个威胁，同时又是男性本我的映射。它温文尔雅地引诱，又不留情面地施暴。读者也能像我一样去分析。在历史上，我们对狼的矛盾观点是相当明显的。这些故事隐含一个奇怪的想法：这些享乐主义、贪得无厌的狼的故事，正是作为成人的我们容易想到的。

我不知道为何会这样，可能是因为这些是我们的父母和老师反复讲述的故事吧。不管如何，这显然就是我们印象深刻的狼。

西格蒙德·弗洛伊德（Sigmund Freud）在一篇名为《来源于童话的梦的素材》的文章中详细记述了一个男病人的儿时梦境，他把这个病人称为狼人。有趣的是，这个男子于1886年的平安夜出生在俄罗斯东部的一个上层中产阶级家庭。他长大之后无法适应社会环境，于是弗洛伊德借用心理分析手段，通过分析他的梦境来追踪他的幼儿神经症。弗洛伊德认为，他的梦境是由于受到小红帽和其他童话故事中狼的惊吓而产生的。

梦里是一个夜晚，男孩躺在床上。他朝窗外望去，看到了一排核桃树。当时正值冬季，雪中的老树掉光了叶子，只有光秃秃的枝干。忽然，窗户倏地一下打开，树上有六七只狼。狼毛色纯白，尾毛浓密，耳朵前倾，像在倾听什么。

男孩大声呼叫，惊醒了。

弗洛伊德的心理分析和狼无关，但是男孩梦里的狼确实恐怖、离奇，就像所有童话故事里的狼一样。

要是不把类狼主题的小说考虑在内，那么狼在文学中的位置就是不完整的，尽管这些小说的主题现在已经非常明确了。拉迪亚德·吉卜林（Rudyard Kipling）的《丛林故事》也许是他最为人所知的作品，书中不可或缺的一个角色毛克利是一个被狼收养的男孩。弗朗克·诺里斯（Frank Norris）是19、20世纪之交的自然主义拥护者，他在《范多弗与兽性》一书中创造了“变狼妄想症”一词，用来指代一种道德颓丧和严重抑郁的心理状态。在13世纪以前的流行文学中，狼人一直是罕见但重要的主题。我已提过盖伊·恩道尔（Guy Endore）的《巴黎的狼人》。G. W. M. 雷诺德（G. W. M. Reynolds）写了一本维多利亚惊险小说《狼人瓦格纳》，1846—1847年在杂志上连载，风靡一时。居伊·德·莫泊桑（Guy de Maupassant）在一篇短小粗俗的小说《狼》中写到两个精神失常的兄弟疯狂地追捕一只狼的故事。其中一个兄弟在追逐途中被一根树枝绊住，脑袋被碾碎，横尸当场。当狼最终选择战斗时，活着的兄弟把死去的兄弟倚靠在石头上。他彻底疯狂，扔掉了武器，和狼扭打在一起。萨基（H. H. Munro Saki）在《盖布里埃尔－欧内斯特》一文中写了一个有趣而幽默的狼人故事。故事是一场有趣的客厅闹剧，剧中有个16岁的野男孩，他的母亲是一个古板的主妇，后来变成了一只狼。约翰·韦布斯特（Johan Webster）的《马尔菲公爵夫人》一书中提到了一个疯子，他认为自己是一只疯狂的狼；而查尔斯·罗伯特·马图林（Charles Robert Maturin）的《亚尔比根派》一书设置了一个哥特式的变狼狂的角色。英语小说家阿尔杰农·布莱克伍德（Algernon Blackwood）写了许多血淋淋的狼人故事。

丹尼尔·笛福（Daniel Defoe）的《鲁滨孙漂流记》和薇拉·凯瑟（Willa Cather）的《我的安冬尼亚》都包含了原型狼的情景，其中前者提及了比利牛斯山的一场重大战役，后者说到了在冬季夜晚被雪橇司机丢弃给狼群的新郎和新娘。在罗伯特·布朗宁（Robert Browning）的《戏剧田园诗》书中有一篇叫《伊凡·伊凡诺维奇》，文中提到一个妈妈将自己的孩子丢弃给狼群。

美国诗人哈姆林·加兰捕捉到了19世纪中西部生活的一丝苦楚，以及人们对狼的憎恨，于是他写下：

眼神热切，牙齿锐利

夜晚穿林，如蛇潜行

屈膝蹲伏，风声嘻嘻

哑笑一跃，小鹿在擒

另一个美国诗人哥尔韦·金内尔（Galway Kinnell）写了一首诗叫《狼》，诗中描写水牛猎人和狼的方式，让猎人承担了动物寓言中狼的形象。D. H. 劳伦斯（D. H. Lawrence）被美国西南部的动物故事深深吸引。在《陶斯城的秋天》一文中，他说狼的背部是一种大地的毛发，将其比喻为沙漠岩滩上生长的灰白色的鼠尾草。在《红狼》一文中，普韦布洛市的一个预言家将劳伦斯叫作白脸瘦红狼，这是北方平原的印第安人对东部人的称呼，而劳伦斯正是来自东部，来自狼和红色之地。罗宾逊·杰弗斯（Robinson Jeffers）写了我最爱的关于狼的两行诗句：

谁知狼牙锋利

羚羊惊慌之蹄

我已经说过，美国本土的口头文学中不乏狼的故事。尽管都有相同的变形主题，但是印度的狼不同于欧洲的狼，这点不必多说。19 世纪的欧洲人对变形主题很熟悉，当他们听到印度故事中的变形时，就常把它当作变狼术。乔治·伯德·格林内尔（George Bird Ginnell）记录了许多黑脚族、波尼族和夏安族的狼的故事。其中最令人无法忘怀的是《夏安族的篝火旁》一书中的《黑狼及其父辈》一文。矿井中一个无人救援的男孩被两只狼救了出来。这两只狼一只很友善，一只很狂暴。它们要走很长的路才能到达狼的地盘，在此期间，友善的狼一直要保持警醒，不让狂暴的狼攻击那个男孩。在友善的狼的帮助下，男孩后来被狼群收养了。当他回到自己的部族时，他杀死了那两个留他在矿井中等死的女人，并把尸体带给了狼群。格林内尔也写了一个类似的故事，即《黑脚旅馆的故事》一书中的《狼人》故事。

但是，要说有一个作家的名字必须和狼有关，此人非杰克·伦敦莫属。他对写狼的故事孜孜不倦。《野性的呼唤》和《白牙》这两本书家喻户晓，其中前者写了阿拉斯加的一只狗重新继承“狼的传统”，后者则写了一只被驯服的狼。《海狼》一书中狼的角色拉尔森可能是伦敦自己个性的反映。而且，他的第一本故事集就叫作《狼孩》。

伦敦把自己梦想中的、未曾竣工的房子叫作狼屋，而且也乐于被称为“狼”，这个绰号是他疑是同性恋的朋友乔治·斯特林（George Sterling）给他起的。（文学典故中不乏将同性恋人称为“追羊狼”的例子。柏拉图曾经写道：“急切的恋人渴望男孩，就像狼渴望嫩羊。”）伦敦被指责为同性恋，他常常醉酒，奸淫女性，以为这样做就能证明自己的男子气概。在去世前的一个月，伦敦把一块刻着“狼的配偶”的手表给了妻子，并因她没有经常这样叫他而叹息，这真是动人的一幕。

伦敦的小说专注于人的“兽性”，他用狼来象征这种兽性。在《海狼》一书中，拉尔森的内心斗争就是兽性和人性的斗争。尽管伦敦所展示的兽性是值得赞扬的，但是它最终是一种对男子气概的神经质癖好，和狼没有多大的关系，正如它和酗酒、嫖娼以及男人兽性中好战的一面没有多大的关系一样。伦敦是美国文学中最挫败甚至是最悲剧的人物之一，但他却用该主题打动了读者的心灵——20世纪的美国作家中，像他的作品一样被广为翻译且在美国之外备受推崇的，并不多见。

我们对文学中的狼做了快速、粗略的回顾，从而可知狼的角色几乎都在预料之中——除了在寥寥可数的几个故事中，作者没有遵循寓言和童话圆满结局的传统。伦敦笔下的狼和类狼的人似乎更加严肃，更加迷人，因为他所写的是人性的一面——兽性，人身上的狼的一面——并且不仅仅是把狼当作兽性的象征。

许多美国本土故事中写到好心的狼，这和大多数欧洲童话故事中写到的贪婪的狼还没有进行综合。目前我们似乎没法进行这样的创作，不能写出一只完整的狼，因为对我们大多数人来讲，动物仍然或是二维的象征，或是无关紧要的，仅仅适合在善恶分明的儿童故事中出现。

假如我们理解了这样的综合，那它标志着人产生了根本的改变。因为这意味着人类最终放弃了自我中心，并且开始思考一个人并非其中心的宇宙。当然，这种认识带来的恐惧要远远大于他笔下任何一只狼给人带来的恐惧。但是，同样不胜枚举的是英勇、仁爱、悲剧和其他的文学美德。

第十四章
曙暮光中的嚎叫

在雅典卫城的南端，横亘着学园的残垣断壁。文献学家争论着学园名称的由来，但是它似乎曾被用做阿波罗战船“屠狼号”的据点。阿波罗是牧羊人的牧师，而保塞尼亚斯是公元2世纪的希腊作家，他说正是阿波罗指导了牧羊人用沾了树液的肉来猎杀狼群。

阿波罗如何成为希腊神学中和狼相关的重要角色，这仍然是一个谜。作为牧羊人的牧师，他本该把狼杀死，但是他却化成狼的身形去参加战斗，就像在《埃涅伊德》中，他打败了巫师罗德。他在阿尔戈斯城的寺庙，和西锡安的青铜浮雕一样，是为了纪念狼和公牛之间的一场战斗。他最著名的神殿是德尔菲的圣谕庙，里面也有一座狼的铜塑像。德尔菲狼的一个解释是狼在距离神庙不远处杀死了一个盗庙贼，因此铜塑像是为了纪念这次行动。人们恢复了被盗的东西，并且铸造了一座狼的铜塑像来纪念他。在阿波罗庇护的阿尔戈斯城，发行的钱币至少从5世纪起就饰有狼的图像。

那时的阿波罗就和狼有关，但是这不是希腊神话的重要主题。他更加家喻户晓的角色是太阳神。我已经说过，希腊单词“光”和“狼”容易混淆。可能因为两者真的混淆了，或者它们的联系是不为文献学家所知的。更让人困惑的是，“狼生”一词曾被用来描述阿波罗的出生，也被用来指代一个地点，即利西亚，而利西亚就是阿波罗出生的地方。比如说，在《伊利亚德》史诗中，阿波罗是人们最爱戴的利西亚战士。因此，在文学中，“利西亚阿波罗”“狼生阿波罗”和“类狼阿波罗”这样的词有时是可以通用的。在《阿伽门农》一书中，卡珊德拉刺激阿波罗成为屠狼者。《远征底比斯七英雄》中的颂歌让阿波罗对抗敌人：“屠狼以狼之雄风，报之以锋牙利齿。”

在希腊文化入侵之前，希腊住着和狼有关的猎人和农人（猎人崇拜狼图腾，牧羊人有意讨好狼）。在希腊入侵者的教化下，阿波罗崇拜逐渐转化为猎人和农人的信仰，而阿波罗也逐渐成为农人牧羊的保护神，也成为猎人战士精神的象征。因此阿波罗展现出矛盾的恨狼—爱狼形象。

古典学者理查德·埃克尔（Richard Eckel）说，希腊狼的数量减少之后，人们对它们怀有感情，于是狼就和乌鸦一样，变成阿波罗的神圣之物，而阿波罗是庇护人们的。正如一些人所说的那样，我认为奥西里斯（Osiris）更有可能是狼神。一种饲养牛羊（在现代依然被狼困扰）的文化，一种催生了《伊索寓言》和西方世界大部分让人同情的狼的故事的文化，并非在一夜之间就对狼产生了感情。至于奥西里斯和其他埃及的神有时与狼有关，这可能是把豺、狼混淆了。

阿波罗的传奇故事中出现的狼对我们来说很熟悉，而诺尔斯人讲述的狼就是另一回事了。在一些神学故事中，我们会遇到已知的元素：和光、战争、巫师以及恶作剧之神洛基（Loki）有关的狼。但是在条顿神话中的狼已然超出了这些角色。

想象一个寒冷的冬日，你站在波罗的海的沙滩上。浓密的乌云压到天边，海水被劲风掀起白浪，你也不时需要伸出手臂来保持平衡。耳边传来一阵咆哮，就像黑暗的隧道里传来了火车的轰鸣声。一阵刺耳的爆炸声传来，你的身后站着一个庞大的女人，她骑着一头巨大的灰狼。灰狼的眼睛闪闪发光，如同两个月亮，头顶有一条蛇围成了头套缰绳。这就是北欧巨人希尔罗金（Hyrrokin），当她出席巴尔德尔（Balder）的葬礼时，四名狂暴战士尝试制服她的狼，而她把巨大的灵船“零号”推出了沙地。

这就是诺尔斯人的狼，人们管它叫作巨人的灰马、黑暗骑士的黑马。

斯堪的纳维亚的狼是条顿女神——命运女神诺恩斯（Norns）的伙伴。芬兰人把它们称为鲁图之犬（Rutu’s hounds）、亡灵之狗。诸神的统治者奥丁（Odin）身旁带着两只狼，分别叫作格利和弗雷齐。它们和两只乌鸦一起与奥丁出战，撕碎了沙场上的死尸。因此，从“狼–乌鸦”（Wolf-Braben）一词衍生出来的沃尔夫朗姆（Wolfram）一名，是个伟大战士的名字。由“胜利的狼”（Rubm-wolf）衍生出来的鲁道夫（Rudolf）一名，也是伟大战士的名字。沃尔夫冈（Wolfgang）一名则意为“狼先行”，即狼群的出现宣告了这个英雄的到来。

我已经略有提及狂暴战士与欧洲狼人传统的关联，但是在南欧，芬莉斯、斯库尔（Skoll）和北欧狼哈提（Hati）的身型是无与伦比的。

芬莉斯是洛基和巨人安格尔波达之子。这段不伦不类的婚姻还催生了另外两个孩子：一个是被奥丁流放冥界、成为幽暗王国统治者的赫尔；另一个是被奥丁驱逐到大海的巨蛇耶梦加得。奥丁把芬莉斯带到众神的居所阿斯加尔德（Asgard），希望以此获得他的友谊和忠诚。但是芬莉斯迅速成长，身形庞大，诸神都不敢与之靠近。为了防止麻烦，诸神决定将他锁在地球上，为此他们铸造了一条大锁链雷锭链。他们对性情温和的芬莉斯加以哄骗和奉承，说让他挣断锁链以证明自己的力量，最后芬莉斯套上了链条。芬莉斯不过伸展了一下，就像刚睡了个午觉，链条就碎成几段，落到地上。诸神又带回了卓玛链，那是他们所能制造的最坚固的链条。芬莉斯又被哄骗乖乖地戴上锁链。

诸神惧怕芬莉斯的力量，担心他的善良不会持久，于是他们到侏儒岛上寻求一种无比坚固的链条。侏儒们用鸟的唾液和鱼的呢喃，用熊的悲痛和猫的脚步，还有女人的胡子和山的根基等材料，打造了一根绳子，纤细如丝绸。绳子名叫格莱普尼尔（Gleipnir），它无比牢固，无法挣断。绳子还会越用越坚固。

芬莉斯看着格莱普尼尔绳，心中带着疑虑。他同意被绑起来，但是要求有人把手放在他口中作为担保。战神铁尔（Tyr）向前一站，把手放到芬莉斯口中。芬莉斯被绑后，竭力挣脱绳索，但是并没成功。他全力挣扎，但是绳子毫不伸展。盛怒之下，他把铁尔的手从手腕上咬断，后来人们就把手腕称为“狼关节”。

把芬莉斯制服之后，诸神将格莱普尼尔绳穿过一块大石头，将其末端绑到一块巨石上，然后把巨石扔到了海里。芬莉斯开始号叫，声嘶力竭，惊天动地。一个神拿走了他的剑，把它立在芬莉斯的口中，楔部顶住他的下颚，他再也无法号叫了。涌出的血液变成了埃文河。

芬莉斯命中注定要被锁住，就像他父亲洛基和赫尔的巨犬加姆一样。直到世界末日，格莱普尼尔绳自动断裂，芬莉斯才会被释放，然后他会带领一支军队去对抗奥丁和阿瑟族。

世界末日的标志就是日月黯淡。日复一日，太阳和月亮都被巨狼斯库尔、哈提和玛纳加尔姆追逐。这三只狼由安格尔波达饲养，吃的是的杀人犯和通奸者的骨髓，长得也越来越壮。日复一日，它们追逐着太阳女神苏尔（Sol）和月亮男神玛尼（Mani），直到有朝一日，它们吞掉日月，毁灭万物，日月之神的血液从巨狼口中流出，灌注到地球上。群星也消失了，这就是诸神黄昏。芬莉斯被释放了，洛基和加姆挣脱了绳索，尼德霍格龙咬断了世界之树的根部，地球分崩离析。阿瑟族的一员海姆达尔鸣响了黄金号角加拉尔，全世界都听到了号角声。在阿斯加尔德，阿瑟族人全副武装，骑上战马，跨过彩虹桥来到维格利德，最后一场战斗的沙场。

洛基的巨蛇儿子耶梦加得搅拌海水，直至沸腾，然后爬到了战场上。他的尾巴掀起巨浪，释放了纳吉尔法号幽灵船，使其从沙滩上挣脱。船体是由死人的指甲制成，由洛基掌舵。在另一艘船上载着霜巨人。赫尔和加姆、尼德霍格龙一起从地球上的一道裂缝上爬上来，尼德霍格拍打着翅膀，翼下坠落许多尸体。天空被撕裂了，苏尔特尔（Surtur）和他的火剑点燃了地球。芬莉斯破开火线，眼中冒火，他和加姆、赫尔、洛基与死亡部族并肩作战，对抗奥丁、铁尔和阿瑟族的其他族人。

一声令下，战争开始。诸神表现得无比勇猛，但是一开始就注定失败。芬莉斯对战奥丁，他张开血盆大口，气吞山河，吞咽万物，奥丁也被活活吞下。洛基杀死了海姆达尔，自己也身负重伤，命悬一线。铁尔把剑刺入了加姆的心脏，而加姆也把他硬扯撕咬。索尔给了耶梦加得致命一击，虽然得以全身而退，却在踉跄之中溺死在蛇嘴里吐出的毒液之中。奥丁的儿子维达看见父亲被杀死，朝着芬莉斯冲过去，用脚踹了他的嘴巴，扯住他蓬松的头，将他的嘴巴撕裂了。

苏尔特尔的火焰冒得越来越高，大火吞噬了森林和田地，燃烧到赫尔的九个王国，沸腾了海水，直到地球无声无息，冒出滚滚浓烟。

最后，新的太阳照耀大地，绿草生长，繁花盛放，江河再次流动。两个人在一根焦黑的木头中躲过了灾难，男的叫利弗（Lif），女的叫利弗诗拉希尔（Lifthrasir），他们的后代遍布地球。

在基督教的第二个千禧年初，冰岛水手雷夫·埃里克森（Leif Ericsson）在北美探索东海岸，从纽芬兰开始，远至大约今天弗吉尼亚南部。可能他航行到了上湾，看到了曼哈顿岛的花岗岩和森林。也许他和手下在新泽西南部的沙滩上露营，在水桶里装满了可以保鲜一年的黑色的松柏水。但是埃里克森一定见过狼群。凡是沙滩上他走过之处，他都会看到狼的踪迹。当他的船驶入暗礁的时候，他会看到狼群在森林里观看他们。当他们走上沙滩，就会听到狼群的嚎叫。

在埃里克森看不到之处，南方地平线以下，天秤座和天蝎座的下方，是一个由 159 颗星星构成的星座。在欧洲，人们管它叫“野兽座”。亚述人把它叫作“死亡的野兽”，并把其中最亮的一颗星叫作“已逝父辈之星”。也有人把这个星座当作一种献祭，融合到东边的星座半人马座中，合称为“牺牲座”。

它还有一个如今依然为人熟知的名字——天狼座。

假如埃里克森和他的手下所到之地比历史学家所认为得更南，假如他们在佛罗里达群岛停留一晚，那么他们就会在南方天空，即天狼座内看到子夜“太阳”燃烧，“阳光”实际上是 1006 年一颗超新星爆发所发出的星光。

有可能埃里克森没有看到超新星。有可能他看到了印第安人，看到了树木，看到了四季，然后继续前行，对这片新大陆上的生死存亡、更新替代全然不知。

如果有个很好的望远镜，你依然可以观看到天狼座超新星的残迹。它现在仅是精美纤柔的丝状星云，在黑蓝色的星际空间中的一缕红蓝相映的轮廓。

仿佛是哭红了的蓝眼睛。

后记
狼的崛起和动物生态学

在写这本书期间，我和妻子在俄勒冈州的家里饲养了两只混血的红狼。这两只狼叫作普莱莉和里弗，它们触发了书中的许多想法，正是和它们的联系让我意识到人类对动物的评判错得多么离谱。

我对野生动物被人类记录、分析的情况保持警惕，但是我也无法否认这种经验，我们的经验是非凡的。它丰富了我的视野，包括我对人类偏见的看法，我对自己所接受的和动物有关的正规教育的差距的看法，还有我对自己能够去同情、发怒，和对动物感到无助的看法。

我想在后记中分析这些趣事。我认为不该在前面的章节中谈，因为严格地说，这些故事有点超出了作者和宠物的经历。但是，只要稍加说明，它们就能在这里占有一席之地。

我不是研究狼的专业人士。我想我的经验也不普遍，而且我也不鼓励别人养狼。理由仅仅是狼不该和人待在一起。我曾天真地养过，但是我再也不会干这种事了。对此，我所认识的养过狼的人也是感同身受。屡见不鲜的是狼的生命以悲剧收场，它原本可以活出精彩，但是这种可能性却被剥夺扼杀了。我感恩养狼过程中获得的认知，但是假如我早知道求知的代价如此之高，当初我就不会开始探究。

在一个朋友的帮助下，普莱莉和里弗从一个野生动物园来到我们身边，来的时候仅有三周大。我们用奶瓶给它们喂食。狼和狗的幼崽总是对周围的一切具有浓烈的兴趣。我想，犬类用嘴的方式，就像我们用手一样，尤其是当它们还小的时候。它们并不会把遇到的东西吃掉，但是会想要感知每一种事物。我们养的两只狼就是这样。到了它们六周大的时候，我们把它们喜欢的东西都放到距离地面三尺高的地方。

在最初几周，普莱莉和里弗悲情地嚎叫，可能是知道它们的父母身在远方，或是因为自身的遗世隔绝。它们吃得狼吞虎咽，而且似乎会走向两个极端：要么是在睡觉，像懒人沙发一样摊在地板上；要么就是在撕扯，在房子里相互追逐，或者撕扯想象的生物。到了七周大的时候，它们爆发了一次短暂的、血腥的争斗，结果是母狼普莱莉完胜了公狼里弗。我们没有见过比那更激烈的争斗，动物就是通过这样的争斗来震慑其他同类，并且结果可能还会多次改变。

在它们小时候（或长大后），从来没有尝试伤害我们，尽管它们会猛揪我们的头发，好像想要把头发从头盖骨上扯下来。它们也会在无意中用爪子和尖锐的乳牙来抓挠我们。它们长大之后，我们也不怕它们，但是它们的滑稽动作有时超出了我们朋友的想象。有一天，一个女人把她的婴孩放在我们客厅的毛毯上，然后转过身来和我们说话。狼在她的身后，它们的庇护所就在柴火灶下。狼崽（克服了对陌生成人的恐惧）来到了开阔的客厅，急切地想要看一看婴孩。（我猜它们在想）这是一个接近它们自身体型的生物，更重要的是，他就在它们隔壁30厘米高的地方。

为了了解婴孩，狼崽踌躇不前，准备只看一眼就撒腿而逃，对着空气紧张地挥动前肢，时而高立，时而蹲伏，最后来到婴儿毛毯的边缘。狼崽渴望把婴孩拉进它们的世界，但是仍然害怕成人的背影，毕竟她只站在十来厘米外的地方。它们迈出了明显的但是害怕的一步——它们咬住了婴孩的毛毯，并开始把他拉走。在那一刻，婴儿妈妈转过身来，在硬木地板上疯狂地抢夺婴孩。狼崽被吓到了，朝着柴火灶下的藏身处飞奔而去。

还有一次，它们约一岁大，普莱莉和里弗“攻击”了我的妻子桑迪。我们请朋友来吃晚饭，并且想要让他们在离开前看一看狼崽。当时已经很晚了，因此我们拿了一根手电筒，领着朋友穿过小树林。狼崽已经入睡，但是当我们靠近时，它们跳了起来。在与朋友告别之前，我们在栅栏外站了几分钟，用手电筒往围栏里扫视。

我为惊醒狼崽、侵犯它们的隐私而感到愧疚。我不会在半夜叫醒孩子给朋友看。桑迪和我就此交流看法，然后我进了屋子，而她没带手电筒去往围栏。她走进围栏后，狼崽就靠了过来，在她身上蹭来蹭去，轻轻咬着她的手臂和大腿。它们动作敏捷，身体强健，当然有能力对她造成重伤，但是它们并没有这么做。我们感觉到它们生气了。和狼密切接触的其他人也会对你发出警告：人狼之间的友谊是有界限的。尤其是当这种友谊是来自于一种可以杀死你的动物时，这种警告就显得相当有说服力。

尽管我对乡间野外比较熟悉，但是在我和里弗、普莱莉在小树林里散步的时候，我想我通过关注它们的行为，学会了几样了不起的东西。

我用栓带把它们带出来。它们经常跑到山脊上，我们所住的峡谷上方的陡坡上。我起初猜想是因为山上的景色，但是后来知道还有另外一个理由。在这里，午后上坡的强气流未经阻挡，直接抵达，它们的嗅味素就能散播出去。当风吹过树木的时候也是如此。

狼崽在树林中灵活行走，悄无声息。我想要模仿它们，于是安静地走动，一旦察觉动静就纹丝不动。起初，我的模仿毫无优势，但是几周后，我意识到我在所穿过的环境中更加协调了。一方面，我的听觉更加灵敏了，感官一直保持警觉，偶尔我会比狼崽更先看到一只鹿鼠或者一只松鸡。我也充分地了解了所走过的地方的地形，能够在黑暗中准确地找到要走的路。我从未走得像狼崽一般悄无声息，也未能走出它们的风采，因为我站立的姿势和修长的四肢会把我拖累，而且我呈九十度的脚踝让我的脚容易被缠住。但我从它们身上学到了自信，我相信只要模仿它们的行为，我就能够更好地融入环境——仔细地审视事物，寻找有利的情况，一副自信满满的样子。我的确十分机警，并且感觉良好。

有了这些经历以后，当我接触了因纽特人认知中的狼的时候，我很快就能理解他们和我不同的看待方式，也能理解我可能永远都不会像他们一样懂得那么多，正如我永远都不可能在树林里懂得比普莱莉和里弗更多。

在和狼崽的相处中，也有一些痛苦和困窘的时候，就是当我们意识到围栏虽大，但是对它们来说仍很糟糕的时候。伐木场会燃烧木材，冒出的浓烟会从这里飘过。它们感知到火，但却无处可逃。有时有鹿出现，狼崽就会兴奋地上下奔腾，想要从围栏出去。当暴风雨来临时，松散的木板会发出声响，把它们吓到。当然也有其他的事情，可以补救以上这些。比如，十月份可以看到它们追逐落叶上下跳跃；夜晚和它们一起在围栏中睡觉，感受它们用毛发轻抚你的指尖。

在阳光明媚的午后，我经常会坐在树林里，在围栏的隔壁读书和写字。我喜欢与它们为伴。

夏季的一天，狼崽两岁多，有人把它们放了出来。我们不知道是谁，但是我想肯定是某个认为所有的野生动物都该被释放却不知圈养动物已经失去野性的人。里弗被一个人射杀了，因为那个人不确定狼崽是哪种动物，只觉得它们看起来很狂野。他看见狼崽想要和邻居的狗一起玩，他想它们可能会变得狂暴。次日，当我们（去参加一个葬礼）回来时，普莱莉听到了桑迪的呼唤，它跑了回来，躺在她的脚下，颤颤发抖，手足无措。

接下来几周，普莱莉都郁郁寡欢，不知所措，我们不得不考虑用药帮它入眠。后来，有一只小狗和它交朋友，给它鼓励，给它帮助，它终于恢复过来了。

我们埋葬了里弗。在掘墓的时候，我想起我遇到的所有的狼，想到了其中多少已经死去了。它们或是在围栏中被其他狼杀死，因为狼不允许被排斥者逃跑；或是在科学研究中献身了；或是被憎恨狼群的人毒死了；或是被害怕的邻居射杀了。也有人原先是热爱养狼的，但是后来发现狼崽不像小狗一样驯服，或者因为它们在战斗中失去耳朵或者尾巴之后看起来不再血统高贵了，这些人就遗弃了它们。

我不知道该对射杀里弗的人说些什么。我也不知道该对里弗说些什么。我只是在午后的大雨中傻站着，回忆着它活着的时候我所学到的东西。

在 20 世纪结束之际，我想相比过去三百年，我们对动物的理解已经不同了。

正如我们的原始祖先所做的那样，我们开始明白动物既不是人类的不完善的模仿，也不是用内分泌和神经冲动的术语就可以描述的机器。它们和我们一样是基因多变的，而且其整个物种和每个个体都能做出前所未有的行为。我们可以把它们比作是人，因为有些动物的形态、动作、活动和社会组织与我们类似，从这个角度来说，动物和我们是相似的。但是实际上，它们和我们的相似度并不比树木更高。引用亨利·贝斯顿的话，它们住在另一个宇宙中，就像我们一样完美，它们和我们一样困在进化路上的一刻。

我认为想要定义人类赖以生存所需的动物种类是不可能的，因为它们一直在改变，并且对不同的人来说答案不同。我认为仅靠科学来繁殖全部的动物也是不可能的。有人相信只有一个现实，即人类的现实，甚至相信在地球上的许多文化中，只有一种掌握了真理。但是，人类智力的阈值，以及在应对宇宙时大脑表现的规模和深度，都站在这种惊人信念的对立面。

允许神秘，即允许对自己说“可能还有别的，可能有我们不知道的东西”，并非贬低知识，而是采取一种更加广博的观点，是允许自己拥有格外的自由：你也许是对的，但别人也未必是错误的。

在西方世界的生物科学中，我们有特别的工具，有一个分类系统去探索动物知识。而通过期刊和图书馆，我们有了知识传播的系统。但是如果我们想要更加了解动物，我们就必须走进树林里。我们必须关注自由生长的动物，而不是关在围栏中的动物，这将会需要超常的耐心。我们也必须找到一种方式，把那些科学数据的取景过程中抛弃的单一的、惊人的事件保存下来，并在某种角度上把它们容纳进来。还有，我们必须找到一种方式，不说要尊重，至少也不要否认科学过程中的直觉，因为正如开普勒、达尔文以及爱因斯坦所说的，直觉是关键。

英国哲学家阿尔弗雷德·诺斯·怀特海写到人类对宇宙本性的探索，说在讨论这些问题时，教条式的确信就是愚蠢的表现。容忍神秘会激发想象，而想象让宇宙更加清晰。

了解其他有机体的独立现实，不但不会威胁到我们自己的现实，而且还是我们基本快乐的来源。我从里弗的身上得知我是人，它是狼，我们是不同的。我重视它这个生灵，但是它没必要是我想象中的样子。我想，正是这种不遵循教条的自由，让我清楚地读懂了“生命的庆典”的意思。

北京大学出版社教育出版中心

部分重点图书

一、北大高等教育文库·大学之道丛书

大学的理念	[英] 亨利·纽曼
德国古典大学观及其对中国的影响（第三版）	陈洪捷
哈佛通识教育红皮书	[美] 哈佛委员会
什么是博雅教育	[美] 布鲁斯·金博尔
美国文理学院的兴衰——凯尼恩学院纪实	[美]P. E. 克鲁格
营利性大学的崛起	[美] 理查德·鲁克
学术部落及其领地	[英] 托尼·比彻等
美国现代大学的崛起	[美] 劳伦斯·维赛
大学的逻辑（第三版）	张维迎
教育的终结——大学何以放弃了对人生意义的追求	[美] 安东尼·克龙曼
知识社会中的大学	[美] 杰勒德·德兰迪
美国大学时代的学术自由	[美] 罗杰·盖格
美国高等教育通史	[美] 亚瑟·科恩
印度理工学院的精英们	[印度] 桑迪潘·德布
后现代大学来临	[英] 安东尼·史密斯 弗兰克·韦伯斯特
21世纪的大学	[美] 詹姆斯·杜德斯达
理性捍卫大学	眭依凡
大学之用（第五版）	[美] 克拉克·克尔
高等教育市场化的底线	[美] 大卫·L. 科伯
世界一流大学的管理之道 ——大学管理决策与高等教育研究	程星
大学与市场的悖论	[美] 罗杰·盖格
美国如何培养研究生	[美] 克利夫顿·康拉德等
公司文化中的大学：大学如何应对市场化压力	[美] 埃里克·古尔德
哈佛，谁说了算	[美] 理查德·布瑞德利

大学理念重审　[美]雅罗斯拉夫·帕利坎

美国大学之魂（第二版）　[美]乔治·M. 马斯登

高等教育何以为“高”　[英]大卫·帕尔菲曼

二、21世纪高校教师职业发展读本

教授是怎样炼成的　[美]唐纳德·吴尔夫

给大学新教员的建议（第二版）　[美]罗伯特·博伊斯

学术界的生存智慧（第二版）　[美]约翰·达利等

如何成为卓越的大学教师（第二版）　[美]肯·贝恩

给研究生导师的建议　[英]萨拉·德兰蒙特等

三、学术规范与研究方法丛书

如何成为优秀的研究生（影印版）　[美]戴尔·F. 布鲁姆等

给研究生的学术建议　[英]戈登·鲁格
玛丽安·彼得

社会科学研究的基本规则（第四版）　[英]朱迪思·贝尔

如何查找文献（第二版）　[英]莎莉·拉姆奇

如何写好科研项目申请书　[美]安德鲁·弗里德兰德
卡罗尔·弗尔特

高等教育研究：进展与方法　[美]马尔科姆·泰特

教育研究方法（第六版）　[美]乔伊斯·P. 高尔等

如何进行跨学科研究（第二版）　[美]艾伦·瑞普克
[加]里克·斯佐斯塔克

社会科学研究方法100问　[美]尼尔·萨尔金德

如何利用互联网做研究　[爱尔兰]尼奥·欧·杜恰泰

如何成为学术论文写作高手
——针对华人作者的18周技能强化训练　[美]史蒂夫·华莱士

参加国际学术会议必须要做的那些事
——给华人作者的特别忠告　[美]史蒂夫·华莱士

做好社会研究的10个关键　[英]马丁·丹斯考姆

法律实证研究方法（第二版）　白建军

传播学定性研究方法（第二版）　李琨

生命科学论文写作指南　[加拿大]白青云

学位论文写作与学术规范（第二版）	李武，毛远逸，肖东发
如何为学术刊物撰稿（第三版）（影印版）	[英] 罗薇娜·莫瑞
结构方程模型及其应用	易丹辉，李静萍

四、大学学科地图丛书

管理学学科地图	谭力文
战略管理学科地图	金占明
旅游管理学学科地图	李昕
行为金融学学科地图	崔巍
国际政治学学科地图（第二版）	陈岳，田野
中国哲学史学科地图	刘乐恒
文学理论学科地图	王先霈
德育原理学科地图	檀传宝 等
外国教育史学科地图	王保星，张斌贤
教育技术学学科地图	李芒 等
特殊教育学学科地图	方俊明，方维蔚
福利经济学学科地图	高启杰，陈招娣

五、北大开放教育文丛

西方的四种文化	[美] 约翰·W. 奥马利
人文主义教育经典文选	[美] G. W. 凯林道夫
教育究竟是什么？——100 位思想家论教育	[英] 乔伊·帕尔默
教育：让人成为人——西方大思想家论人文和科学教育	杨自伍
透视澳大利亚教育	[澳] 耿华
道尔顿教育计划（修订本）	[美] 海伦·帕克赫斯特

六、跟着名家读经典丛书

中国现当代小说名作欣赏	陈思和 等
中国现当代诗歌名作欣赏	谢冕 等
中国现当代散文戏剧名作欣赏	余光中 等
先秦文学名作欣赏	吴小如 等
两汉文学名作欣赏	王运熙 等
魏晋南北朝文学名作欣赏	施蛰存 等

隋唐五代文学名作欣赏　　叶嘉莹 等
宋元文学名作欣赏　　袁行霈 等
明清文学名作欣赏　　梁归智 等
外国小说名作欣赏　　萧乾 等
外国散文戏剧名作欣赏　　方平 等
外国诗歌名作欣赏　　飞白 等

七、科学元典丛书

天体运行论　　［波兰］哥白尼
关于托勒密和哥白尼两大世界体系的对话　　［意］伽利略
心血运动论　　［英］威廉·哈维
薛定谔讲演录　　［奥地利］薛定谔
自然哲学之数学原理　　［英］牛顿
牛顿光学　　［英］牛顿
惠更斯光论（附《惠更斯评传》）　　［荷兰］惠更斯
怀疑的化学家　　［英］波义耳
化学哲学新体系　　［英］道尔顿
控制论　　［美］维纳
海陆的起源　　［德］魏格纳
物种起源（增订版）　　［英］达尔文
热的解析理论　　［法］傅立叶
化学基础论　　［法］拉瓦锡
笛卡儿几何　　［法］笛卡儿
狭义与广义相对论浅说　　［美］爱因斯坦
人类在自然界的位置（全译本）　　［英］赫胥黎
基因论　　［美］摩尔根
进化论与伦理学（全译本）（附《天演论》）　　［英］赫胥黎
从存在到演化　　［比利时］普里戈金
地质学原理　　［英］莱伊尔
人类的由来及性选择　　［英］达尔文
希尔伯特几何基础　　［俄］希尔伯特
人类和动物的表情　　［英］达尔文
条件反射：动物高级神经活动　　［俄］巴甫洛夫

电磁通论	[英] 麦克斯韦
居里夫人文选	[法] 玛丽·居里
计算机与人脑	[美] 冯·诺伊曼
人有人的用处——控制论与社会	[美] 维纳
李比希文选	[德] 李比希
世界的和谐	[德] 开普勒
遗传学经典文选	[奥地利] 孟德尔等
德布罗意文选	[法] 德布罗意
行为主义	[美] 华生
人类与动物心理学讲义	[德] 冯特
心理学原理	[美] 詹姆斯
大脑两半球机能讲义	[俄] 巴甫洛夫
相对论的意义	[美] 爱因斯坦
关于两门新科学的对谈	[意大利] 伽利略
玻尔讲演录	[丹麦] 玻尔
动物和植物在家养下的变异	[英] 达尔文
攀援植物的运动和习性	[英] 达尔文
食虫植物	[英] 达尔文
宇宙发展史概论	[德] 康德
兰科植物的受精	[英] 达尔文
星云世界	[美] 哈勃
费米讲演录	[美] 费米
宇宙体系	[英] 牛顿
对称	[德] 外尔
植物的运动本领	[英] 达尔文
博弈论与经济行为（60周年纪念版）	[美] 冯·诺伊曼　摩根斯坦
生命是什么（附《我的世界观》）	[奥地利] 薛定谔
同种植物的不同花型	[英] 达尔文
生命的奇迹	[德] 海克尔
阿基米德经典著作	[古希腊] 阿基米德
性心理学	[英] 霭理士
宇宙之谜	[德] 海克尔
圆锥曲线论	[古希腊] 阿波罗尼奥斯

化学键的本质	[美] 鲍林
九章算术（白话译讲）	张苍 等辑撰，郭书春 译讲

八、其他好书

苏格拉底之道：向史上最伟大的导师学习	[美] 罗纳德·格罗斯
大学章程（精装本五卷七册）	张国有
教学的魅力：北大名师谈教学（第一辑）	郭九苓
国立西南联合大学校史（修订版）	西南联合大学北京校友会
我读天下无字书（增订版）	丁学良
科学的旅程（珍藏版）	[美] 雷·斯潘根贝格 [美] 黛安娜·莫泽
科学与中国（套装）	白春礼等
如何成为卓越的大学生	[美] 肯·贝恩
世界上最美最美的图书馆	[法] 博塞等
中国社会科学离科学有多远	乔晓春
道德机器：如何让机器人明辨是非	[美] 瓦拉赫等
彩绘唐诗画谱	（明）黄凤池
彩绘宋词画谱	（明）汪氏
如何临摹历代名家山水画	刘松岩
芥子园画谱临摹技法	刘松岩
南画十六家技法详解	刘松岩
明清文人山水画小品临习步骤详解	刘松岩
西方博物学文化	刘华杰
物理学之美（彩图珍藏版）	杨建邺
杜威教育思想在中国	张斌贤，刘云杉
怎样做一名优秀的大学生	王义遒
湖边琐语——王义遒教育随笔（续集）	王义遒
蔡元培年谱新编（插图版）	王世儒
北京大学志（四卷本）	王学珍
觉醒年代的声音	《觉醒年代的声音》编委会